贾东　主编　建筑营造体系研究系列丛书

当代公共建筑文化品质之材料营造

卜德清　刘天奕　著

U0285446

中国建筑工业出版社

图书在版编目（CIP）数据

当代公共建筑文化品质之材料营造／卜德清，刘天奕
著.—北京：中国建筑工业出版社，2018.12
　（建筑营造体系研究系列丛书/贾东主编）
　ISBN 978-7-112-23039-6

Ⅰ.①当… Ⅱ.①卜…②刘… Ⅲ.①公共建筑-建筑
材料-研究 Ⅳ.①TU5

中国版本图书馆CIP数据核字（2018）第277543号

　　近年来建筑师们逐渐把注意力聚焦于建筑材料方面，开始重视建筑材料的表现效果和营造方式。本书尝试结合公共建筑实例对常用建筑材料之艺术表现力进行深入分析。首先分析材料的感官属性，如色彩、质感、肌理等。在此基础上分析材料在建筑中的视觉效果及其构造做法，最后总结了在建筑设计中建筑材料运用的一般规律。本书每一章深入分析一种建筑材料，实例翔实、内容丰富，图文并茂，为建筑师恰当运用材料提供有益的参考。

责任编辑：唐　旭　李东禧　吴　佳
责任校对：李美娜

建筑营造体系研究系列丛书
贾　东　主编
当代公共建筑文化品质之材料营造
卜德清　刘天奕　著

*

中国建筑工业出版社出版、发行（北京海淀三里河路9号）
各地新华书店、建筑书店经销
北京锋尚制版有限公司制版
北京京华铭诚工贸有限公司印刷

*

开本：787×1092毫米　1/16　印张：15¾　字数：314千字
2019年4月第一版　2019年4月第一次印刷
定价：60.00元
ISBN 978-7-112-23039-6
（33015）

总 序

2012年的时候，北方工业大学建筑营造体系研究所成立了，似乎什么也没有，又似乎有一些学术积累，几个热心的老师、同学在一起，议论过自己设计一个标识。在2013年，"建筑与文化·认知与营造系列丛书"共9本付梓出版之际，我手绘了这个标识。

现在，以手绘的方式，把标识的涵义谈一下。

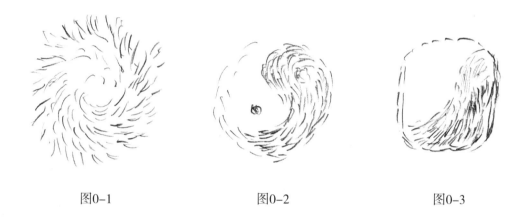

图0-1   图0-2   图0-3

图0-1：建筑的世界，首先是个物质的世界，在于存在。

混沌初开，万物自由。很多有趣的话题和严谨的学问，都爱从这儿讲起，并无差池，是个俗臼，却也好说话儿。无规矩，无形态，却又生机勃勃、色彩斑斓，金木水火土，向心而聚，又无穷发散。以此肇思，也不为过。

图0-2：建筑的世界，也是一个精神的世界，在于认识。

先人智慧，辩证大法。金木水火土，相生相克。中国的建筑，尤其是原材木构框架体系，成就斐然，辉煌无比，也或多或少与这种思维关系密切。

原材木构框架体系一词有些拗口，后撰文再叙。

图0-3：一个学术研究的标识，还是要遵循一些图案的原则。思绪纷飞，还是要理清思路，做一些逻辑思维。这儿有些沉淀，却不明朗。

 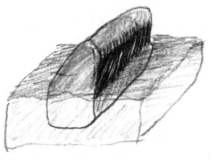 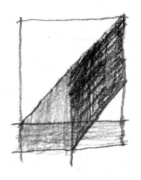

图0-4   图0-5   图0-6

图0-4：天水一色可分，大山矿藏有别。

图0-5：建筑学喜欢轴测，这是关键的一步。

把前边所说自然的大家熟知的我们的环境做一个概括的轴测，平静的、深蓝的大海，凸起而绿色的陆地，还有黑黝黝的矿藏。

图0-6：把轴测进一步抽象化图案化。

绿的木，蓝的水，黑的土。

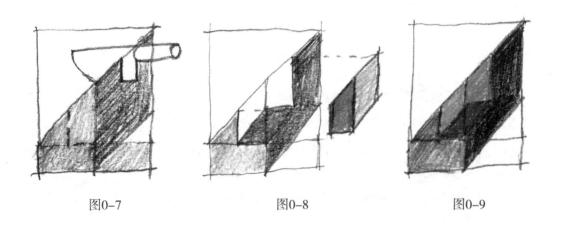

图0-7   图0-8   图0-9

图0-7：营造，是物质转化和重新组织。取木，取土，取水。

图0-8：营造，在物质转化和重新组织过程中，新质的出现。一个相似的斜面形体轴测出现了，这不仅是物质的。

图0-9：建筑营造体系，新的相似的斜面形体轴测反映在产生它的原质上，并构成新的五质。这是关键的一步。

五种颜色，五种原质：金黄（技术）、木绿（材料）、水蓝（环境）、火红（智慧）、土黑（宝藏）。

技术、材料、环境、智慧、宝藏，建筑营造体系的五大元素。

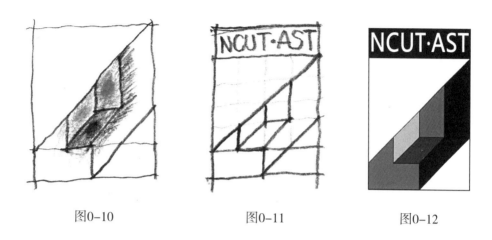

图0-10　　　　　　　　图0-11　　　　　　　　图0-12

图0-10：这张图局部涂色，重点在金黄（技术）、水蓝（环境）、火红（智慧），意在五大元素的此消彼长，而其人的营造行为意义重大。

图0-11：将标识的基本线条组织再次确定。轴测的型与型的轴测，标识的平面感。NCUT·AST就是北方工业大学/建筑/体系/技艺，也就是北方工业大学建筑营造体系研究。

图0-12：正式标识绘制。

NAST，是北方工大建筑营造研究的标识。

话题转而严肃。近年来，北方工大建筑营造研究逐步形成以下要义：

1. 把建筑既作为一种存在，又作为一种理想，既作为一种结果，更重视其过程及行为，重新认识建筑。

2. 从整体营造、材料组织、技术体系诸方面研究建筑存在；从营造的系统智慧、材料与环境的消长、关键技术的突破诸方面探寻建筑理想；以构造、建造、营造三个层面阐述建筑行为与结果，并把这个过程拓展对应过去、当今、未来三个时间；积极讨论更人性的、更环境的、可更新的建筑营造体系。

3. 高度重视纪实、描述、推演三种基本手段。并据此重申或提出五种基本研究方法：研读和分析资料；实地实物测绘；接近真实再现；新技术应用与分析；过程逻辑推理；在实践中修正。每一种研究方法都可以在严格要求质量的前提下具有积极意义，其成果，又可以作为再研究基础。

4. 从研究内容到方法、手段，鼓励对传统再认识，鼓励创新，主张现场实地研究，主张动手实做，去积极接近真实再现，去验证逻辑推理。

5. 教育、研究、实践相结合，建立有以上共识的和谐开放的体系，积极行动，潜心研究，积极应用，并在实践中不断学习提升。

"建筑营造体系研究系列丛书"立足于建筑学一级学科内建筑设计及其理论、建筑历史与理论、建筑技术科学等二级学科方向的深入研究，依托近年来北方工业大学建筑营造体系研究的实践成果，把研究聚焦在营造体系理论研究、聚落建筑营造和民居营造技术、公共空间营造和当代材料应用三个方向，这既是当今建筑学科研究的热点学术问题，也对相关学科的学术问题有所涉及，凝聚了对于建筑营造之理论、传统、地域、结构、构造材料、审美、城市、景观等诸方面的思考。

"建筑营造体系研究系列丛书"组织脉络清晰，聚焦集中，以实用性强为突出特色，清晰地阐述建筑营造体系研究的各个层面。丛书每一本书，各自研究对象明确，以各自的侧重点深入阐述，共同组成较为完整的营造研究体系。丛书每本具有独立作者、明确内容、可以各自独立成册，并具有密切内在联系因而组成系列。

感谢建筑营造体系研究的老师、同学与同路人，感谢中国建筑工业出版社的唐旭老师、李东禧老师和吴佳老师。

"建筑营造体系研究系列丛书"由北京市专项专业建设——建筑学（市级）（编号PXM2014_014212_000039）项目支持。在此一并致谢。

拙笔杂谈，多有谬误，诸君包涵，感谢大家。

贾　东
2016年于NAST北方工大建筑营造体系研究所

前　言

　　近年来建筑师们逐渐把注意力聚焦到建筑材料方面，开始重视建筑材料的表现效果和营造方式。在建筑设计过程中当建筑师解决完基本功能、空间组合、结构选型等问题之后就会遇到建筑材料的选择问题，对于建筑设计来说这是一个绕不过去的问题，因为建筑是由建筑材料构成的。在选择建筑材料时需要考虑人的观看感受，从远处看时需要考虑整体色彩关系，在近处看时需要考虑色彩以及材料表面的质感肌理；另外还需要考虑材料的营造方式。曾经设计并建成过很多建筑的建筑师们，富有设计经验，熟知建筑材料的外观效果、物理性能和营造方式。所以在建筑设计中能够熟练驾驭多种建筑材料，并且在建成时达到满意效果。而对于年轻设计师来说这个问题则比较棘手。由于不熟悉材料的应用效果、材料的性能以及材料营造方法，在设计中他们对材料的控制力较弱，选择材料比较困难，经常导致建成之后的效果与原先设想的大相径庭。对于同一种材料，在设计时观看小面积样品的感觉和建成后观看大面积实体的感觉差别很大。

　　要获得熟练驾驭建筑材料的能力，唯一途径是用心体会、潜心研究每种材料的基本特性及其艺术表现力，多观察、多记录、多实践。例如贝聿铭大师设计时选择材料的过程不是一蹴而就的，他会仔细推敲材料颜色、质地，并精心划分墙面分格比例，做出不同比例的模型进行模拟观察，反复尝试。有的时候要做1:1真实大小的模型或者做出一个大的墙面进行实验。我们所看到的贝聿铭大师的建筑作品在材料运用方面堪称精品，选材得体、细部精致、美轮美奂。他会严肃认真地对待每一个作品、每一个细部的选材与建造工艺，因为材料的选用对建筑设计来说确实是一件大事。建筑师们研究建筑材料，从单一材料到材料组合，从物理属性、感官属性到营造方式，这是提高建筑设计水平、提升设计能力的必由之路。建筑师对材料控制力的强弱取决于对材料认知的积累。

　　本书尝试结合建筑实例对常用的建筑材料艺术表现力进行深入分析。首先分析材料的感官属性，如色彩、质感、肌理等。在此基础上结合结构和构造做法分析材料在建筑中的视觉审美效果，总结了建筑材料运用的一般规律。每一章深入分析一种建筑材料，每一章最后一节总结出该材料的艺术表现力及其基本营造方法。本书中每一章、每一小节的分析内容和结论都有助于建筑师积累材料运用的经验。

目 录

总 序 / III

前 言 / VII

引 言 / 1

    1. 建筑材料的发展 / 1

    2. 对建筑材料的重新关注 / 2

    3. 建筑情感的缺失 / 2

    4. 艺术表现力的问题 / 3

第1章　概　述 / 5

    1.1　建筑的文化品质 / 5

    1.1.1　建筑材料的艺术表现力 / 5

    1.1.2　文化艺术氛围 / 6

    1.1.3　建筑材料的性格 / 7

    1.1.4　建筑材料的地域性 / 8

    1.1.5　建筑材料的营造 / 9

    1.2　视觉审美心理 / 9

    1.2.1　研究建筑材料的新视角 / 9

    1.2.2　人对建筑的情感体验 / 9

    1.2.3　情感接受的制约因素 / 10

    1.3　建筑材料的分类 / 12

    1.3.1　按建筑材料来源分类 / 12

    1.3.2　按建筑材料透明度分类 / 12

    1.3.3　按建筑材料应用时间先后分类 / 13

1.4　建筑材料的感官属性及其特征 / 13

1.4.1　色彩与纹理 / 14

1.4.2　光泽与反射 / 15

1.4.3　质地与质感 / 16

1.4.4　透明度 / 16

1.4.5　建筑材料的形态特征 / 18

1.5　建筑材料的表现力 / 20

1.5.1　轻盈感与厚重感 / 21

1.5.2　虚幻感与真实感 / 23

1.5.3　冰冷感与温暖感 / 23

1.6　建筑材料的功能属性 / 24

1.7　建筑材料形式美规律 / 25

1.7.1　韵律与节奏 / 25

1.7.2　对比与微差 / 26

1.7.3　比例与尺度 / 27

1.8　本章小结 / 28

第2章　砖　石 / 30

2.1　砖石的感官属性 / 31

2.1.1　肌理 / 31

2.1.2　颜色 / 31

2.1.3　质感 / 32

2.1.4　形状 / 33

2.2　砖石的文化属性 / 34

2.2.1　材料性格 / 34

2.2.2　地域文化 / 35

2.3　砖石的功能属性 / 39

2.3.1　作为主体承重结构 / 39

2.3.2　作为建筑外围护填充材料 / 39

2.3.3　作为建筑外表面装饰材料 / 40

2.4　砌筑方式及其艺术表现力 / 41

2.4.1　传统砌筑方法 / 41

2.4.2　具有凹凸立体感的砌筑法 / 42

2.4.3　具有轻盈通透感的透空砌法 / 46

2.4.4　具有韵律动感的砌筑方法 / 50

2.4.5　具有肌理感的拼贴砌筑法 / 51

2.4.6　转角处砌筑方法 / 55

2.4.7　灰缝处理 / 55

2.5　本章小结 / 58

第3章　木　材 / 61

3.1　木材的感官属性 / 61

3.1.1　肌理 / 61

3.1.2　色彩 / 61

3.1.3　质感 / 63

3.2　木材的文化属性 / 63

3.2.1　材料性格 / 63

3.2.2　地域性 / 63

3.2.3　时代性 / 66

3.3　木材的功能属性 / 68

3.3.1　作为主体承重结构 / 68

3.3.2　作为建筑外表面装饰材料 / 68

3.4　构成方式及其艺术表现力 / 72

3.4.1　以"线形态"为特征的结构体系 / 72

3.4.2　以"面形态"为特征的结构体系 / 79

3.4.3　以"体形态"为特征的结构体系 / 84

3.4.4　节点构造 / 87

3.5　本章小结 / 94

第4章　金　属 / 99

4.1　金属的感官属性 / 99

4.1.1　肌理 / 99

4.1.2　色彩 / 101

4.1.3　质感 / 104

4.2　金属的文化属性 / 106

4.2.1　材料性格 / 106

4.2.2　地域性 / 108

4.2.3　时代性 / 109

4.3　金属的功能属性 / 112

4.3.1　作为主体承重结构 / 112

4.3.2　作为建筑外表面装饰材料 / 113

4.3.3　小结 / 115

4.4　构成方式及其艺术表现力 / 116

4.4.1　以"线形态"为特征的构造体系 / 116

4.4.2　以"面形态"为特征的构造体系 / 120

4.5　金属构件的连接方式 / 123

4.5.1　构件连接的技术性与艺术性 / 123

4.5.2　构造与连接方式 / 124

4.6　本章小结 / 130

第5章　玻　璃 / 131

5.1　玻璃的感官属性 / 131

5.1.1　光 / 131

5.1.2　色彩 / 134

5.1.3　肌理与质感 / 134

5.2　玻璃的文化属性 / 135

5.2.1　材料性格 / 135

5.2.2　地域性 / 136

5.3　构成方式及其艺术表现力 / 138

5.3.1　玻璃幕墙实例及其表现力 / 138

5.3.2　以"点形态"为特征的构成方式 / 139

5.3.3　以"线形态"为特征的构成方式 / 142

5.3.4　以"面形态"为特征的构成方式 / 143

5.3.5　以"体形态"为特征的构成方式 / 144

5.4　建筑空间营造 / 146

5.4.1　玻璃表皮 / 146

5.4.2　玻璃在建筑内部的应用 / 148

5.5　玻璃材料的应用形式及构造方法 / 149

5.5.1　全玻璃式构造 / 149

5.5.2　框架式构造 / 151

5.5.3　点支式构造 / 153

5.6　本章小结 / 154

第6章　混凝土 / 155

6.1　混凝土的感官属性 / 155

6.1.1　肌理 / 155

6.1.2　色彩 / 155

6.1.3　质感 / 159

6.2　混凝土的文化属性 / 164

6.2.1　材料性格 / 164

6.2.2　地域性 / 164

6.3　混凝土的功能属性 / 165

6.3.1　作为主体承重结构 / 165

6.3.2　作为建筑外表面装饰材料 / 173

6.4　材料分类 / 176

6.5　构成方式及其艺术表现力 / 176

6.5.1　墙体表面划分处理 / 176

6.5.2　形体塑造 / 187

6.5.3　具有镂空感的构造法 / 195

6.6　本章小结 / 200

第7章　多种建筑材料的组合 / 203

7.1　常用建筑材料的感官特性比较 / 203

7.2　相似性格的建筑材料组合 / 204

7.2.1　古朴与自然——砖石与木材的组合 / 205

7.2.2　原始与狂野——砖石与混凝土的组合 / 207

7.2.3 肃穆与温厚——混凝土与木材的组合 / 208

7.2.4 现代与前卫——玻璃与金属的组合 / 210

7.3 相反性格的建筑材料组合 / 212

7.3.1 传统与现代——砖石与玻璃的组合 / 212

7.3.2 精巧与厚重——金属与砖石的组合 / 216

7.3.3 古老与时尚——木材与玻璃的组合 / 218

7.3.4 天然与高技——木材与金属的组合 / 220

7.3.5 轻盈与粗糙——玻璃与混凝土的组合 / 223

7.3.6 粗犷与细腻——混凝土与金属的组合 / 226

7.4 本章小结 / 228

第8章 结 语 / 234

参考文献 / 237

后 记 / 238

引　言

　　建筑本身是由各种不同材料通过合理的结构及构造方式建造而成的，是技术与艺术的完美结合。材料的使用是建筑设计的重要组成部分，而建筑形式可以说是材料设计语言的构成结果和外在体现。

　　建筑与材料的关系复杂而久远。这一关系在历史上由技术进步与科学发明共同构筑，又依赖于人们感受的质量以及人类感知的方法。从某种角度来说，一部建筑的历史可谓是建筑材料及其营造的发明史。材料的使用是建筑设计的重要组成部分，而建筑形式可以说是材料设计语言的构成结果和外在体现。新建筑形式的出现，总是伴随在新技术、新材料的发明之后。无论是旧材料的新工艺，还是新材料的发明，都标志着建筑形式演变与发展的转折点，预示着新的建筑形式的产生。

1. 建筑材料的发展

　　全球工业化大生产以前，运输、劳动力以及技术的限制使不同地域的建筑一直使用当地制造和采掘的材料。在19世纪文明中，当地材料几乎是仅有的材料，也是最容易获得的材料，而这些材料又对此后新的建筑风格产生着很大影响。比如木材从附近的森林砍伐，砖用本地黏土烧制，石材从便捷的采石场开采。于是材料成为维系建筑文化与地域的脐带。这种人工产品与孕育它们的土地之间存在着不可分割的联系，这种联系不仅是经济与效率的要求，也是满足人们心理需求的结果。

　　在19世纪之前，尤其是在文艺复兴时期，对建筑的研究主要集中在几何形式的审美问题上，如比例、形式、均衡、对称等。直到19世纪末，随着材料及施工技术的发展，钢和玻璃等新材料的广泛应用，尤其是现代建筑运动的发展，才使关注的焦点重新回到材料、结构、构造等建筑自身的基本问题上。材料作为建筑本体的一部分，也受到广泛的重视。

　　从20世纪初到现在，现代建筑发展迅速且日趋成熟，已经进入一个多元化的时代。各种思想理论和设计手法并置、碰撞与融合。然而，现代建筑中常用的设计手法，如平面形式构成、空间序列变化、体块组合等，在被广泛的运用过程中渐渐穷尽。现代建筑的道路也开始面临该如何发展下去的思考与困惑，建筑总体发展概况如下表所示（表0-1）。

不同时期建筑材料发展概况 表0-1

时期	概况	总结
原始文明	由于运输、劳动力以及技术的限制当地材料几乎是仅有的材料，也是最容易获得的材料，而这些材料又对此后新的建筑风格产生着很大影响	资源的限制，可用建筑材料有限，局限性大，建筑形式较少
19世纪以前	大多以石材、砖、木材为主要构筑材料，对建筑的研究主要集中在建筑形式的设计和审美问题上	建筑材料种类较少，对于建筑的形式研究占据主导地位
19世纪末	新型材料如钢、玻璃等相继出现，现代建筑运动的发展使关注重点回到材料、结构、构造等基本问题上	新型建筑材料出现，人类的认知程度越来越成熟完备，观念转变
20世纪初至今	掀起一股对表皮与材料的关注热潮，材料的利用与表达，逐渐成为建筑设计的重要手段之一	建筑师们开始注重并重新审视材料在建筑中的地位

（资料来源：作者自绘）

2. 对建筑材料的重新关注

经历了漫长的单纯注重建筑形式的过程之后，建筑师们逐渐开始脱离传统的建筑设计形式，而材料的知觉、感官效果与体验慢慢成为研究重点，开始重新审视材料与营造空间两者之间的微妙关系。在大胆尝试新型建筑材料的同时，传统材料也不拘泥于旧的构造方式，出现了一系列老旧材料新建造方式的创新，充分挖掘建筑材料精神层面的内涵。运用材料体现建筑的性格品质，已经成为当代建筑设计的关键途径之一。

但是，现代主义之后对自然和文化的回归并不意味着建筑风格回到原来的起点，而是文化发展过程中螺旋上升的表现。历史上任何一次复兴都包含了时代的社会性内容，现代技术的高度发展客观上要求产生高情感的东西与之相平衡，传统建筑材料的新兴表现思想渗透着二百多年来众多美学与技术思想的追求，从深层上体现了"机械美学观"向"天人合一"的自然观的转化。

3. 建筑情感的缺失

当代建筑对于造型和空间上的处理已经越来越成熟，但对材料本身的深层理解还有待深入研究。不少建筑作品仍然没有显现出其个性、特色的那一面，在众多建筑作品中无法体现自己的独特魅力，甚至盲目跟风等。

我们几乎可以在各种建筑类型和场地上看到点式玻璃幕墙或者横向百叶窗的使用，过多的滥用和粗制滥造的模仿势必削弱建筑表皮所能表达和反映的地域、人文等信息。除了在立面上得到一些"流行"和"时髦"的印象之外，人们无法理解选择这样材料和建造方式之间的逻辑，更不可能获得一个优秀的建筑设计所能传达出来的由于理性的明晰给予人的情感愉悦和体验力量。

除此之外，有些建筑作品以简洁为设计灵魂，但是过分地强调纯净，否定一切装饰，造成建筑成了大同小异的冰冷机器，缺乏生命力而走向极端。这种对形式美原则的忽视，造成了现代建筑千篇一律的结果。这种没有深入思考材料内涵的建造方式往往忽略了人的情感和精神需求的多样性，最终形成的作品也只是一堆物质性材料的堆砌组合。所以说技术的进步，并不能使建筑情感和意义提升。建筑师阿尔瓦·阿尔托曾说过"技术的功能主义并不能获得最终的建筑，技术的功能主义只有同时扩展到心理学领域才是正确的，这是通往具有人情化建筑的唯一道路。"可见高科技与高情感不能划等号，当今建筑面貌情感的缺失正是由于设计中忽视了人的心理及情感需求。建筑材料丰富的色彩性、肌理感、质感，能给建筑空间带来丰富多彩的艺术氛围，可以赋予建筑高情感性，根据建筑环境氛围的需求来恰当选择建筑材料正是解决建筑情感缺失问题的一把"金钥匙"。

4. 艺术表现力的问题

现在大街小巷的建筑表皮被面砖、涂料和幕墙所占据，在材料与材料的组织方式上看不出由材料表达出的真实美和建筑意义，选择流行材料本身也成为一种时尚。建筑艺术表现力在建筑设计中的需求越来越高，材料的表现方法是非常关键的要素之一，然而，当今的建筑创作中，在运用材料表现建筑的文化品质方面存在很多不足之处，具体表现在以下几个方面（表0-2）。

建筑材料的艺术表现力存在的问题　　　　　　　　　　　　　表0-2

	问题	分析
1	手法较为单调和贫乏	习惯用装修的手法，如面砖、幕墙、涂料等掩盖结构或围护材料，不注重表现材料自身真实的美
2	材料使用种类较单一	绝大多数建筑材料以砖和混凝土为主，近年来钢结构在建筑中运用虽然有所增多，但局限于工业建筑和少数公共建筑
3	缺乏细部的推敲	材料表现缺乏细部，或者有细部但不深入。这使得一些原本不错的方案最终不能成为一件完美的作品
4	忽略了材料间的组合搭配	一味追求豪华气派，错误地以为只有使用了高档装饰材料才能达到材料的表现力，而忽视了材料的组合与搭配
5	缺乏地域性特征	材料表现缺乏地域性与民族特色，结果给人以从南到北"千城一面"的感觉
6	忽略与周围环境的结合	材料表现只孤立地考虑项目本身，不能考虑到建筑所处地段环境，建成后与周边环境不协调，造成城市街景的杂乱无章

（资料来源：网络收集、作者自绘）

综上所述，在现代社会日益严峻的生存环境里，人们需要建筑材料在实现其功能价值的同时承载更多的情感体验与精神内涵。建筑材料能灵活整合来自艺术、技术、文化、传播、社会服务等领域的创新成果，改善单调、贫乏、混乱和缺乏归属感的建筑面貌，有效提升城市环境的品质和公共空间的活力，前提是设计师正确地认识建筑材料的规律及构造方式。以此为背景，本书针对当代公共建筑材料文化品质的材料营造展开系统的研究。

本书通过对国内外优秀的建筑材料表现方面的设计实践及相关理论进行研究，结合建筑美学、建构学、建筑现象学等相关理论，突破以往片面而机械地从材料的结构属性和技术角度来进行研究的取向，重点从材料的文化性这一特殊视角展开研究。

首先，从材料知觉方面分析了建筑材料的美学特征。然后，阐述了单一材料的营造表现，继而分析组合材料的构造方式及效果，探讨影响建筑材料组合方式的因素，主要归纳了建筑形式美规律、地域及文化、知觉体验和心理情感三个方面的因素。最后，在上述研究的基础上，从设计思维与方法，以及材料知觉与建筑体验的关系这两个主要角度，总结出几种基本的建筑材料的组合方式，并分析其对建筑表现的影响以及体现的文化品质。

第1章 概 述

1.1 建筑的文化品质

"文化"是一个涵盖面非常之广的词汇，同时是最具人文意味的概念，简单来说文化就是地区人类的生活要素形态的统称：即衣、冠、文、物、食、住、行等。对文化这个概念的解读，大家也一直众说不一。但东西方的辞书或百科中却有一个较为共同的解释和理解：文化是相对于政治、经济而言的人类全部精神活动及其活动产品。

具体人类文化内容指群族的历史、地理、风土人情、传统习俗、工具、附属物、生活方式、宗教信仰、文学艺术、规范，律法，制度、思维方式、价值观念、审美情趣、精神图腾，等等。美国著名哲学家爱默生说："文化开启了对美的感知"。所以本文对于材料文化的研究主要限定于材料的艺术表现力、材料表达的情感，辅助以感官文化及地域文化的研究。

因为"文化"一词的定义非常广，所以为了保持严谨性与针对性，本书所探讨的建筑文化品质具体包含以下几个层面：①建筑材料的艺术表现力；②文化艺术氛围；③建筑材料的性格；④建筑材料的地域性；⑤建筑材料的营造。

1.1.1 建筑材料的艺术表现力

1）艺术表现力的问题

改革开放以来，随着国民经济的快速发展和人民生活水平的不断提高，我国的建筑业蓬勃发展，全国各地均呈现出一片繁忙的建设场面，城市面貌发生了翻天覆地的变化，并且出现了许多优秀的建筑作品。

但是，也应该清醒地看到，我国建筑作品的整体水平与国外，特别是发达国家的建筑水平相比仍有不小的差距，这一点在材料表现上尤为突出，具体表现在以下几个方面：

①建筑中材料表现的手法仍然较为单调和贫乏。而且习惯用装修的手法，如面砖、幕墙、涂料等掩盖结构或围护材料，不注重表现材料自身真实的美。

②材料使用种类较为单一。我国的绝大多数建筑，材料以砖和混凝土为主，近年来钢结构在建筑中运用虽然有所增多，但也局限于工业建筑和少数公共建筑，在大量建设的住宅上也仅处于尝试阶段。

③材料表现缺乏细部，或者有细部但不深入。这使得一些不错的设计方案最终不能成为一件完美的作品。

④某些建筑一味追求豪华气派，错误地以为只有使用了高档装饰材料才能达到材料的表现力，而忽视了材料的组合与搭配，因而不仅造成材料的浪费，而且在立面上也只是昂贵材料的堆砌，无法形成相应的艺术表现力。

⑤材料表现缺乏地域性与民族特色，结果给人以从南到北"千城一面"的感觉。

⑥材料表现只孤立地考虑项目本身，不能考虑到建筑所处地段环境，建成后与周边环境不协调，造成城市街景的杂乱无章。

⑦材料表现未考虑到与生态、环保、节能的结合。

由此可见，对建筑创作中材料表现力的研究，是十分必要的。

2）艺术表现力的重要性

材料对于建筑师而言，就像画家手中的颜料，是建筑师创作的物质基础，也是建筑创作从纸上简单的草图变为实实在在建筑作品这一过程中不可或缺的物质条件。优秀的建筑作品，不光要注重建筑空间的造型或者立面构造，还要巧妙地利用材料去体现。建筑材料具有丰富的艺术表现力，任何材料都具有自己的性格、表情以及应用于建筑中时独一无二的表现特点，它们通过人们的视觉、触觉等与人的情感体验发生效应，以自身的艺术潜能来展现自己的艺术魅力。

材料的艺术性主要体现在材料的视觉上，例如色彩的冷暖感、质地的粗糙或细致感和肌理的丰富感，通过搭配、组合、连接等组合方式和构造形式表现出来，最终形成视觉作用下的艺术魅力，给人以愉悦的视觉感受。

1.1.2 文化艺术氛围

现代生活中，人们对艺术的需求和关注度越来越高，在不同功能建筑场所营造合适的空间与环境氛围，在设计中这是非常重要的一点。例如：北京的798艺术创意区，整个废旧改造的工业园区就散发着浓烈的工业气息，建筑的立面装饰和园中开展的许多艺术工作室、艺术展览的氛围相契合；论文《浅谈咖啡厅艺术氛围的营造》中指出，咖啡厅文化是一种消费文化，同时他又是一种后现代主义文化。如何营造文化艺术氛围，主要由"墙面挂饰"、"陈设"和"绿化"三个部分强调表现；再如需要营造安静、正式氛围的办公楼，在设计中则会避免使用让人感觉懒散、休闲、安逸的装饰材料。下表总结了一些不同功能建筑具有的文化氛围（表1-1）。

不同功能建筑具有的文化氛围　　　　　　表1-1

序号	不同功能类型的建筑	环境文化氛围
1	医疗建筑	肃穆、洁净、安静、整洁
2	法院建筑	庄严、威严、肃穆、严肃
3	办公建筑	正式、安静、庄重
4	咖啡、休闲功能	温馨、舒适、怡人、雅致、亲切
5	幼儿园	活泼、阳光、积极向上、童真
6	商业建筑	华丽、繁荣、色彩斑斓、喧闹
7	艺术展览	艺术气息、高雅、文化底蕴
8	宗教建筑	肃穆、圣洁、光明

材料的选择在很大程度上影响着这种艺术氛围。不同的材料在使用中能带给人们不同的感受，例如：严肃、温馨、幽静、喧闹、庄严等之感。建筑师们在深刻理解材料的文化内涵和艺术表现力的前提下，才能更好地在设计中运用他们。

1.1.3 建筑材料的性格

建筑材料的性格体现在材料的颜色、质感、肌理、透明度等几个方面。

颜色在不同的地域文化里有差异较大的寓意，如红色有着生命、鲜血、革命、爱情、喜庆等不同象征；绿色象征希望、和平、春天、自然等；黄色象征太阳、光明、黄金、土地、智慧、尊贵、警示等；白色象征完美、纯洁、不朽、哀悼、优雅等；黑色象征黑暗、幽闭、终结、哀恸、理智等。这些色彩象征在表皮材料表现中的运用，均使作为艺术作品的建筑，具备了表达喜、怒、哀、乐等多种情感的可能。现当代建筑里，玻璃表皮的透明性在摩天办公楼上的应用，通常象征着财富、高效与商业繁荣，它在政务等公共建筑中，则象征着决策民主、信息透明，在宗教与文化等纪念建筑中，常象征着肃穆、圣洁与光明等，不一而足。同样，质感与肌理表现中也有着象征手法的运用：如粗砺质感与斑驳肌理，常象征着厚重古朴、坚实可靠、时光流逝与历史印痕等，而现代光洁质感，常象征着简洁高效、机械力量与时代精神等。

材料多种特征的综合运用极大地丰富了建筑表皮材料的文化与情感表现力，丰富了当代建筑的建筑性格，也为表皮材料的地域性表现提供了多方助力（表1-2）。

建筑表皮材料的文化与情感表现力   表1-2

序号	材料	视觉特性	触觉特性	情感特征
1	砖石	厚重、沉静	冰凉、坚硬	质朴、深沉、有序、理性
2	木材	原始、质朴	温暖、质感	亲切、含蓄、朴素
3	混凝土	坚实、淳厚	粗糙、稳固	粗犷、肃穆、理性、冷漠
4	金属	前卫、光亮	冰冷、光滑	机械感、张扬、简洁、动感
5	玻璃	通透、现代	冰冷、光滑	虚幻、浪漫、明亮、柔美
6	竹、藤	自然、挺拔	坚挺、柔韧	古朴、自然、原始
7	塑料	轻巧、现代	轻盈	活泼、明快

1.1.4 建筑材料的地域性

建筑大师贝聿铭提出：一个建筑师如果想要设计优秀的作品，那他必须先熟悉他所在的场地及其 历史。如果你对此所知甚少，那么你的建筑就将枯竭。你不会感到兴奋，也不会有巨大的成就。由此可见地域性对于一个好的建筑作品的重要性。建筑存在的基础来自人类的某种需求，包含物质功能与精神功能两方面的内容。从美学角度来看，地域建筑体现了自然美学和技术美学的融合，原始智慧和科学智慧的相互渗透。对环境美的追求以及对人、建筑和自然的和谐共生的追求是地域建筑美学的重要审美价值之一。随着时代发展，我们逐步进入生态信息文明的社会，地域建筑拥有了时代的特点。连续性、适应性、大众性是当代地域建筑文化的重要特点。这三个特点分别指向了地域建筑美学的文化历史观、技术观和审美情趣等方面。将在下文中逐一讨论。

当代地域性建筑的材料设计表现受到地域环境中的自然、文化及经济等因素的共同作用（图1-1）。其中自然因素包括地域的气候条件、地形地貌和自然资源等；文化因素包括社会

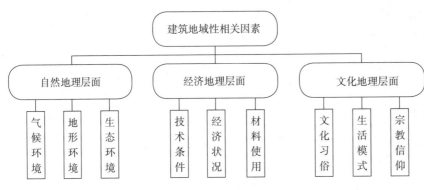

图1-1　建筑地域性相关因素

组织结构、经济形态、宗教信仰、传统民俗等，经济因素包括地域建筑的经济状况、构筑技术和材料使用等。

本书研究的影响材料地域性的因素分为基于当地自然环境、基于当地民族文化以及基于当地经济技术条件。

1.1.5 建筑材料的营造

营造的基本释义指建造、构造、编造、建筑工程及器械制作等事宜。对于本文研究的材料营造则指的是材料之间的构造方式。

事实上，建筑是一门实用艺术，它是艺术与技术的结合。建筑的这一特点在材料表现上得到集中的体现。材料的艺术性主要表现在材料的视觉上，通过色彩、质感和肌理这些基本属性，通过一定的结构形式和构造形式表现出来，通过相互的搭配、组合、连接，最终形成视觉作用下的统一，给人以愉悦的视觉感受。而材料的技术性则牵涉材料的力学性能、化学性能、热工性能、结构方式、构造方式、生产加工工艺等诸多方面，所以研究材料的艺术表现力离不开材料及其营造技术方面的问题。

1.2 视觉审美心理

1.2.1 研究建筑材料的新视角

当代建筑的冰冷、缺乏人情味带给人们的是情感上的缺失，千篇一律的造型和风格在很大程度上埋没了建筑本身独特的性格特征与魅力。当代以高科技为特征的建筑导致的艺术美缺失越来越明显，如何实现建筑本身与人在情感上的共鸣这是当代建筑师的一大难题。而这一问题的突破口就是材料的运用，因为它是情感的载体。因此建筑师应该善于挖掘和探索材料的潜在魅力与真实属性，同时倾注自己的情感，使其在建筑材料中显现出来，从而实现建筑材料情感化。

1.2.2 人对建筑的情感体验

情感，是与人本身情绪直接相关的一个概念。情绪具有现象性、境遇性和不确定性，是人在特定环境下受特定对象的刺激而唤起的特殊感受；现代心理学把与有机生理需要相联系的态度体验称为情绪，认为是较低级的情感，而高级情感则是人的复杂的社会性情感如道德感、美感和理智感等，相对于情绪的短暂性，情感的内涵则要深刻得多，常与更多的精神方面的意义等相联系。

建筑空间中的视觉、听觉、嗅觉、触觉等因素都可以直接或间接地影响人的情绪，带给人们不同的情感体验。所以人们在建筑空间中通过感官、联想等认知体验的过程后，会产生例如温馨、恬静、怡人、急促、紧张等情感范畴的心理感受。

艺术心理学研究认为：艺术是直接传达给人的情感体验，而这种体验是以美感为中心的。建筑具有很强的艺术性，因为接受的个体不同，所以这种艺术特征又极具包容性，这在很大程度上满足了人情感体验需求的多样性。建筑师可以将文化内涵、艺术魅力通过建筑作品传达给人们，所以他们需要不断更新理念，改善旧的思维结构，形成最新的审美心理和创作手法，让人们感知到建筑情感的存在并与之产生共鸣。

1.2.3 情感接受的制约因素

本节内容是从观赏者即受众者角度去讨论情感接受的制约因素。由于受众自身所处的时代不同、地域不同、所受的教育不同，当他们看到同一个作品时，不同的受众对作品的感受与解读也各不相同审美过程受到受众自身修养和文化背景的制约。

（1）审美的时代性

不同时代、不同地域、不同民族的人尽管都能通过自己的感官来感知和欣赏建筑作品，但是即使是同一地域、同一民族的人，处于在不同的时代，他们喜欢的东西可能是不相同的，这是因为时代的审美观一直处于变化之中。例如时装界著名的来弗定律（Laver'sLaw）中提到"穿着同一件服装因为时间的不同而予人不同的印象"（图1-2）。在某个时代认为是丑的东西，在另外一个时代有可能会被认为是美的。例如西方国家的建筑，同一个地域经历了多种建筑风格，哥特

无礼的	……10年前
无心的	……5年前
大胆的	……1年前
时髦的	……现在
过时的	……1年后
可怕的	……10年后
可笑的	……20年后
有趣的	……30年后
古雅的	……50年后
迷人的	……70年后
浪漫的	……100年后
美丽的	……150年后

图1-2 同一服装不同时期印象

时期喜欢尖顶，巴洛克、洛可可时期喜欢卷曲的装饰，现代主义时期又认为"装饰即是罪恶"摒弃装饰，到了现代社会人们又开始追求复古。时代在变化，审美感知也在变化，建筑风格仿佛成了时代的印记。因此，社会历史因素多少都对审美感知的方向有着一定的制约。

当然，追求视觉上的感官刺激是需要的，只是除了对视觉体验的关注之外，我们也应该关注建筑表皮的内涵，以及人们所获得的内心感知。审美的潮流在变化，但是人们心中追求美、热爱美、对美的向往以及那些触动人内心本质的东西是不会变的。

（2）地域的认知性，认知的地域性

对地域性的考虑是当代建筑师一直呼吁的问题，不同地域的人们有着不同的审美习惯。因为能否客观地对建筑及其材料本身产生知觉体验，以及体验到的意象和意境如何，和他所处的地域有很大的关系。地域浓缩了当地文化、传统、习俗，在很大程度上影响着人们的认知。例如同一个象形物，不同地域的人却可以看到不同的形象，或动物，或建筑

等，这个例子证明了人的知觉与人心中的某些"图式"有关联。因此过去的经验在心中沉淀成种种"图式"会影响我们的知觉判断，而这种"图式"的形成则深受我们所处地域的影响。

基于这个认识可以知道，注重材料在建筑地域化中的设计更容易唤起人们内心深处的知觉。如皮亚诺设计的芝贝欧文化中心，其表皮材料则让人们牢记这片土地上的原始财富，表皮的灵感来源于传统的卡纳克棚屋形象，双层的表皮结构微微弯曲并向上延伸，木质的柱和梁支撑着它们，形成与当地建筑面织物般的表面相似的肌理。这个建筑不仅是建立在一个和自然亲密联系的基础上，它唤起了人们的地域情怀，让人们牢记这片土地上的文化财富。整个设计和组织有机地结合了当地的所有条件，包括地点、气候、卡纳克的传统文化、他们对过去的怀念和对未来期待，等等，它已经成为大自然的一部分。试想如没有考虑当地地域的倾向，而是将建筑设计得像外来的不速之客一样，当地的居民对它的喜爱自然不会如此。

（3）受众个体的差异性

建筑材料表现的目的就是利用不同材料在形状、色彩、质感上的特点，经过合理组织和搭配，进而体现艺术美的形式。而审美是一种非常主观的概念，它是受众个体对艺术作品的自我解读和感受，因此欣赏者自身的文化教育背景审美观念、审美喜好、审美习惯在很大程度上都影响着美感的传达，并且随时改变，那么，是否因为这些复杂的、存在差异的状况，就断定人的体验感知是一种不可研究、难以探索、毫无规律可循的特性呢？其实不然，尽管有着诸多复杂的因素影响，人的感知、体验和审美观依然具有普遍性、共性和规律可循的。

彭一刚先生在《建筑空间组合论》中指出"形式美规律和审美观念是两种不同的范畴，前者是带有普遍性、必然和永恒性的法则，后者则是随民族、地区和时代的不同变化发展的，较为具体的标准和尺度。前者是绝对的，后者是相对的，绝对寓于相对之中，形式美规律应当体现在一切具体的艺术形式之中，尽管这些艺术形式由于审美观念的差异而千差万别"。

当然，追求视觉上的感官体验是非常重要的，只是除此之外，建筑师应该避免忽视建筑材料的本质内涵，思考人们从中获得了什么，是否与建筑师本身的设计意图相符。审美观念在不停变化，潮流在不断变更，但是人们心中追求美、崇拜美、对美的事物的向往以及那些触动人内心的本质属性是不会变的。

（4）观赏距离

古人云"百尺为形，千尺为势"，从不同距离观察同一个物体，所感受到的视觉效果是不尽相同的。

宏大的标志性建筑，如国家体育场鸟巢，其钢架体量巨大，一般在数十米乃至数百米之处，可以看到其整体形象；所感受到最突出的特点便是它的宏伟气势和整体体块造型，是由钢架所构成的整体结构肌理。当观看距离较近时，可以看到钢结构表面肌理。

而较小的建筑别墅，通常人们观赏距离较近，可以看到建筑表面质感细腻的饰面。当采用光滑的材料时，视觉感受光滑的表面肌理，当采用砖石建造时，让人感受砖石不同排列产生的美感。在公共餐厅这样不算太大的室内空间，墙面上精美的纹理或壁纸，让人们长时间坐在那里不会感觉乏味。更微小的空间如一间私人浴室，可采用刷有白色防水乳胶漆的石膏板，给人以明快的视觉感受，也可以采用马赛克瓷砖做铺装，给人以精致的视觉感受。

综上所述，人们的审美心理是具有共性和普遍性的。我们在对建筑实体或空间进行解读与体验时，其色彩、肌理、质感、光影等与场所的结合都将我们内心深处对生活的美好、对美好事物的向往、对大自然的期待等情绪都调动起来。所以无论体验者个体的背景差别有多大，在他们心中，对建筑美的意境都能够自然而然地形成。

1.3 建筑材料的分类

1.3.1 按建筑材料来源分类

按材料来源分类可分为人工材料和自然材料。由于人工材料是通过一定的制造工艺和手段获得的，所以比较容易对其肌理图案和效果进行设计，肌理的形式也是比较人工化、模式化。而自然材料来源于自然，本身就具有丰富的自然肌理，这种肌理是随机的，复杂的，同时也难以改变，相比人工材料肌理的可设计性，自然材料更多的是对现有肌理的利用（表1-3）。

建筑表皮材料的文化与情感表现力 表1-3

类型	人工材料	自然材料
材料	金属、玻璃、混凝土、涂料等	木材、砖石、藤、竹等
肌理特点	人工化、模式化、规则化	随机化、复杂化、自由化

1.3.2 按建筑材料透明度分类

按照透明度来分类，材料可以分为可透明材料、不透明材料和半透明材料。不透明材料的感觉相对比较单一，而可透明材料通常可以拥有不同的透明程度，从半透到全透的范围材料可以呈现出各种微妙的材料感觉差异（表1-4）。

不同材料的透明度特性　　　　　　　　　　　　　表1-4

类型	可透明材料	不透明材料	半透明材料
材料	玻璃、塑料、纸等	木材、砖石、混凝土、金属	纸张、磨砂玻璃、印刷玻璃
特点	通透、纯粹	坚实、稳固	朦胧、梦幻

1.3.3　按建筑材料应用时间先后分类

按照应用时间的先后分类，可以粗略地分为传统材料和现代材料，木材、石材、砖等已经有着千百年应用历史的材料一般可以称为传统材料，金属、塑料、合成橡胶等在工业革命后才大规模应用的材料称为现代材料。玻璃虽然有着悠久的历史，但在早期主要是作为装饰材料，真正得到广泛的应用和飞速的发展也是在现代工业革命之后，并代表科技的发展，因而也可归入现代材料之列。

传统材料和现代材料的分类体现了人们对材料的经验和心理体验。传统材料有着久远历史，能唤起人们心中的集体回忆，像森林中的小木屋，用石材建造的古代的城堡等，是和温馨、可靠、人性化这样的词汇联系在一起。现代材料则以其不断变化的形象冲击着我们的视觉感受，常和新颖、先进、充满想象力等词关联。因此传统材料和现代材料有着截然不同的性格特征（表1-5）。

传统材料和现代材料的性格特征　　　　　　　　　表1-5

类型	传统材料	现代材料
材料	木材、砖石、混凝土等	金属、玻璃、塑料等
材料特点	可靠、人性化、亲切	先进、新颖、时尚、前卫

1.4　建筑材料的感官属性及其特征

人在建筑空间中的视觉、触觉、听觉等因素都可以直接或间接地影响人的情绪，带给人们不同的情感体验。所以人们在建筑空间中通过感官、联想等认知体验的过程之后，会产生例如温馨、恬静、怡人、急促、紧张等情感范畴的心理感受。

人们在对建筑空间进行感受时，人的具体情感体验与以下两个因素有关：①人们可以通过自身情绪来感受空间的艺术氛围并融入其中；②人们自身的情绪，如喜悦、抑郁等也会影响他对空间氛围的感受效果。

本节主要讨论建筑材料的色彩与纹理、光泽与反射、质地与质感、透明度以及材料的形态特征等带给人们的感官体验与艺术魅力。

1.4.1 色彩与纹理

每种材料具有各不相同的色彩，还有明暗不同、深浅不一，或抽象或具象的纹理图案。在建筑设计中，材料的色彩和纹理属于建筑的一种细部特征，它们大大提高了界面的"耐读性"与内涵特征，使空间富有层次感并耐人寻味。在唤起人情感体验的同时，增加了建筑的艺术魅力。

（1）色彩

色彩是材料对人产生的视觉感受中最直接的、最敏感的、也是最富表情的一种属性，它可以唤起人们不同的心理感受，例如轻重感、冷暖感、远近感等心理感受，还能使人们产生如富贵奢华、质朴淡雅、热情奔放、静谧雅致等各种情感联想。

色彩在人心中的象征性意义也因地域、民族、宗教的不同而导致人们的审美习惯存在着很大的差异性。例如红色在我国象征喜庆和节日，而在西方国家却是危险、警告和恐怖的象征。利用色彩或对比，或协调的特性，可以丰富视觉效果并带来极强的视觉冲击力。色彩赋予空间新的生命力，从而避免单调、平淡之感。色彩的感官体验主要有以下几种（表1-6）。

色彩的感官体验分析　　　　　　　　　　　　　　　　　　表1-6

	感受	分析
1	冷暖感	红色与黄色给人温暖的感觉，因而称为暖色，而蓝色黑色给人以寒冷的感觉，称为冷色。
2	远近感	明度或纯度高的色彩显得近，而暗色和纯度底的色彩显得远，暖色显得近，冷色显得远。
3	轻重感	明度高的色彩给人感觉轻盈、飘逸，而暗色给人感觉沉重。
4	胀缩感	明度较高的色彩和暖色，其体积给人以大于真实尺寸的感觉，而暗色和冷色则正好相反。
5	动静感	暖色使空间环境显得热闹、喧哗，而冷色使环境显得宁静、静谧。

（2）纹理

天然材料如木材、石材等有天然而丰富的美丽纹理，所以在使用时需要避免形成杂乱无章的肌理效果。而人工材料的纹理通常根据设计需要人为地加工形成，如利用混凝土的可塑性，通过模板浇筑工艺可形成不同视觉效果的混凝墙面，丰富原本材料的质感和纹理。经过仔细的选择进行组合和搭配，可以营造出不同的体验效果和空间氛围。这里举出了几个比较有代表性的材料及其感官特征，如下表（表1-7）。

材料的感官特征分析　　　　　　　　　　　　　　　　　　表1-7

材料	感官特征
天然木材	拥有各种抽象的图案纹理，纹理源于自然，由生命孕育。给人亲切、细腻的感官感受
天然石材	拥有极为丰富的纹理，一般作为建筑内外表皮装饰材料使用
大理石	具有较丰富的纹理，质感上的表现以光滑与柔和为主
花岗岩	纹理变化较少，但在表层之下常有暗含的棕色和灰色的斜向乱纹，主要靠整体色彩及质感显示效果，整体的感觉上显得较为庄严而古典
清水混凝土	表面平整光滑，色泽均匀柔和，纹理简单真实，不具有富丽堂皇的装饰性，但更显平和从容，符合现代社会人们对自然、朴实的内心追求
木模板混凝土	可得到取之自然、融之自然的返璞归真的质感和纹理。被称作"灯芯绒混凝土"，成为粗野主义建筑的典范之作

1.4.2　光泽与反射

不同材料具有不同的光泽度，从而带来不同的感官感受和情感体验。这里以金属和木材两种光泽感特性相差较大的材料为例来讨论材料的光泽度（表1-8）。

木材与金属的感官感受和情感体验　　　　　　　　　　　　表1-8

材料	特性	感官体验	综合感受
金属	光泽感较强，在反射光时具有明显的定向性	给人光洁、明快、活泼的视觉感受，并激发流动、变幻、华丽的美感受	高科技感时尚现代
木材	光泽感较弱，相对粗糙的表面产生漫反射	使材料色泽变得柔和，给人平稳、安静、柔和的视觉感受	天然质朴温婉含蓄

反光材料即自身本不透光，但其表面可以反射周围景象的材料。由于与周围环境被反射的影像相叠加，材料本身持有的质感、色彩、纹理等特征会被削弱，呈现出镜面反射的特质，给人梦幻、朦胧、轻盈之感。而粗糙的材料不具有强反光性，给人带来的是实在、平和、确定的真实感。

材料的光泽度和反射性对空间的营造也有很大的影响，可以创造出或璀璨闪耀或深沉幽静的建筑空间。通过改变材料表面的光滑度和光泽度，可以直接改变建筑空间的光线亮度（表1-9）。

不同光泽度材料的感官特征　　　　　　　　　　　　　　表1-9

材料分类	原理	感官特征
光泽较强的光滑材料	产生直接而强烈的反射，对光线较少的吸收程度	使空间显得较为宽敞、明亮，能使人精神兴奋、注意力集中
光泽较弱的粗糙材料	漫反射，对光线较多的吸收程度	使空间显得较为狭窄、幽暗，能使人精神比较放松、内心平静

1.4.3　质地与质感

质地和质感是两个完全不同的概念：质地比较偏物理性，指材料表面的特殊品质，由材料自身的内在结构组织、理化特征决定。常用来形容物体表面的相对粗糙或光滑度，还表现为材料的冷与暖、凹与凸、软与硬、滑涩或干湿等。

质地除了受材料本身的属性影响以外，还与加工方式有关。例如天然大理石的质地是粗糙的、干涩的，在经过打磨、抛光之后呈现的是平滑、细腻的表面。所以就算材料相同，因为加工方式的差异，也会形成不同的质地，例如同一种花岗岩经过加工，可以形成镜面或毛面两种相差很大的质地效果。

而质感主要指人由材料质地产生的心理感受，即材料质地通过人的感官系统，具体是最直接的视觉和触觉系统，经大脑分析处理后，所产生的综合感受和印象。以下是几种常用建筑材料的质地和质感的比较分析（表1-10）。

常用材料质地与质感的比较　　　　　　　　　　　　表1-10

材料	质地	质感
砖石	坚硬、冰凉	庄重、坚定、深沉、深厚凝重的文化感、历史感
木材	温暖、柔软而有弹性	舒适、雅致、温馨、亲切
玻璃和钢材	光滑、冰冷、坚硬	明亮、精致、冷漠、现代
混凝土	粗糙、凹凸	厚重、可靠、稳固

（资料来源：作者自绘）

质感有视觉质感和触觉质感两种。触觉感受是人在对材料形成感官体验过程中最敏感、最基础的感受。而视觉质感则是一种综合和补充，这一感觉的获得相比触觉更加直接和迅速，因为人总是先看到进而才会触摸。通过视觉质感的间接性和人通常会凭认识经验判断的特性以及相对的不真实性，通过具体加工方式，可以造成假象，甚至可以利用以假乱真的视觉质感达到相同触觉质感的错觉。

1.4.4　透明度

材料的透明度是根据材料的透光性及视觉穿透性来定义和划分的，有不透明、透明以及半透明三类。随着通透度的提高，材料色彩的饱和度和纹理的清晰度都会逐渐降低和减弱，透视材料的粗糙程度和实体感及重量感也会越来越弱，反之则提高。

在材料的众多属性特征中，透明度对空间的影响是非常大的。这三类材料在实践中具有完全不同的视觉效果及光影效果，所塑造的空间形态和氛围，以及对人的心理情感的影响也完全不同，下表是不同透明度的建筑材料及其主要感官特性的分析（表1-11）。

不同透明度材料的感官特性

表1-11

透明度	常见材料	主要感官特性
透明	玻璃	可透光透视、开敞通透感强、轻盈感、无特殊质感
半透明	纸、磨砂玻璃、印刷玻璃、百叶、打孔金属板、金属丝网等	可透光不透视、围合封闭感弱、轻盈感、质感丰富、朦胧柔和、含蓄空灵
不透明	木材、石材、砖、金属、涂料、混凝土	不透光透视、围合封闭感强、厚重感、质感丰富多样

（资料来源：作者自绘）

透明性的概念首先来自于乔治科普斯《视觉语言》一书。科普斯认为透明性是一种视觉属性，即层层相叠的图形能够相互渗透而不在视觉上破坏任何一方。同时科普斯也强调透明性所暗指的不仅仅是一种视觉的特征，它暗示一种更广泛的空间秩序，意味着同时感知不同的空间位置。柯林罗和罗伯特斯拉茨基在《透明：实际与感觉》中指出，从物质和组织的固有属性出发，认为建筑和艺术中涉及透明性分为两种：实际透明性和感觉透明性。所谓实际透明性就是材料本身的物理性质，而感觉透明性是本身不透明的材料通过一些手法使人感觉到透明性。因此，不仅是玻璃才拥有透明性的材料，其他材料也可以通过镂空等处理手法达到透明性的效果。

1）实际透明性

玻璃是现代建筑中最常见的表皮材料之一，其职能由最初用于采光演变到保温、通风、装饰等。玻璃幕墙的出现是建筑表皮肌理设计的一大突破，建筑摆脱了在实墙上开窗的传统表皮形象，通过玻璃幕墙的运用创造出规整简洁的建筑表皮肌理。而且，双层玻璃幕墙具有通风性能好和保温性能好等优点，近年来双层幕墙被广泛运用在办公建筑的外表皮。经过精细化设计的玻璃幕墙通过透明度、质感、颜色的搭配，还能营造单层幕墙不能达到的建筑表皮肌理效果。

2）感觉透明性

不采用玻璃作为建筑表皮的材料也可以达到透明的表皮效果。所谓透明性就是透过该层材料可以看到材料后的事物，而任何非透明的材料都可以通过镂空的处理达到这样的视觉效果，隔栅和百叶就是很好的例子。

秘鲁海滩公寓的内院表皮采用木格栅和白墙叠加，由于户型开窗的需求内院的墙面显得有些杂乱，建筑师利用统一的木格栅解决了这一问题，木格栅由于镂空的处理具有半透明的性质，与白墙的搭配简洁明快，规整的隔栅与不规则的开窗叠加起来富有变化又不显得杂

图1-3　秘鲁海滩公寓内院表皮

乱，同时也增强了房间的私密性（图1-3）。建筑师的巧思将建筑表皮肌理的不利因素通过叠加的手法转变为独特的表现力。

3）实际透明性的不透明运用

在现代建筑设计中，玻璃不仅可以作为窗户起到采光的作用，还可以作为其它材料的叠加装饰，使其他材料产生与众不同的表现力。玻璃有着丰富的透明度和颜色的选择，建筑师依照设想的建筑表皮肌理效果，选择合适的材料搭配，经过材料叠加的建筑表皮肌理往往能给人耳目一新的感受。

塞尔的某办公建筑，该建筑表皮的特殊之处在于建筑师将浅绿色的透明玻璃与石材墙面叠加，形成一种特殊的表皮肌理（图1-4）。浅绿色透明玻璃具有一定的厚度，和石材的颜色相符合。光线照射下产生的阴影透过玻璃投影在石材墙面上，建筑表皮看上去晶莹剔透，产生一种玉石的质感，使建筑增添了优雅的气质。

奥斯陆街头的临时展览建筑，两个木头盒子呈角度的摆放在广场上，木头盒子的表皮有着独特肌理，竖向的木板拼接成的表面上有些木板条是凹进表面的，建筑师用透明的玻璃板填补建筑周边四槽，从正面观察这个建筑的表皮很难发现建筑师的设计意图，换个侧面角度观察，玻璃条反射了光线在木板表面上形成竖向的光带，原本简单的木头表皮也因此显得活跃起来（图1-5）。

1.4.5　建筑材料的形态特征

不同的建筑材料具有不同的内在结构组织、理化特征，导致其硬度、稳定性、耐久性、

图1-4 塞尔某办公建筑的立面材料表达

图1-5 奥斯陆街头的临时展览建筑

弹性等属性的不同，以及强度、刚度、韧性等力学性能的极限不同。因此，每种建筑材料都有其相应合理的尺度和比例，也可以说，每种建筑材料都有适合自身的初始形状及在建筑中作为几何构件所呈现出的形态。

材料的初始形状，与材料自身的组成成分、生产与加工的方式有直接关系。建筑师不必过于局限于材料生产厂家直接提供的材料产品，可以根据材料的自身特性，利用不同的生产与加工方法，扩展材料的初始形状，按照需要设计出材料的新形式，创造出新颖的建筑表现手法（表1-12）。

不同材料的特点及其应用 表1-12

材料	特点	应用
砖石	抗压强度大	初始形状通常呈现出具有某种尺寸规格的体块状
木材	极易加工和利用	既可以使用天然的原木，呈现体块状，也可以将其锯成不同规格和形状的木料，还可以将其切成薄片后，胶粘成胶合板、木工板等人造板材，呈现板面状
混凝土	可塑性极强	可以根据需求浇筑成任何形状，使用中非常灵活
金属	抗压、抗拉强度都很强	初始形状通常呈现线状，可根据设计的需要进行各种变化，或直或曲，或粗或细
玻璃	抗压、抗拉强度都较弱	初始形状通常呈现板面状

在最终的建筑形态中，为了设计及施工上的合理与简便，及造价、用材等经济上的节约，材料构件通常都是几何形态。在形态构成理论中，点、线、面、体是形态生成的基本要素，以此建立了一种对形态的认识途径。基于这一基本要素，对于建筑形态及空间的构成，同样可以从点、线、面、体这些抽象的基本形态构成要素来进行认识和研究，而这些基本形态要素可以对应于建筑形态构成中所使用的材料构件，即点材、线材、面材、块材。

决定材料构件形态的要素很多，材料自身的特性、生产及加工的方式，结构形式及功能要求，建筑造型及空间形态，等等。比如可塑性较强的钢筋混凝土，可以做成线材而形成承重柱构件，也可以做成折板状或圆壳状的面材而形成屋顶；在日本传统建筑中，抗压、抗拉强度都较弱的纸一般作为面状的围护材料，但在日本建筑师坂茂创造一系列"纸建筑"中，把纸卷成管状作为支撑结构并取得了成功。

在一个建筑中，通常会出现种类及形态各不相同的材料，材料与材料的组合之间、材料与建筑整体之间是彼此影响的，其形态特征、尺度与比例都是相对的。在形态构成理论中，点、线、面、体是形态生成的基本要素，这四种要素之间呈现复杂的转换性和组合方式，例如点可转为线，线可转为面，面可转为体。此外，探索各基本形态要素和其带给人们的感官体验和情感特征是非常关键的。在对大量案例进行调研和分析归纳的基础上，本文得出以下不同基本形态建筑材料的主要感官特性（表1-13）。

1.5　建筑材料的表现力

通过上一节讨论的材料的感官属性及其特征可以看出材料本身能给人不同的感官感受，本节主要研究材料具体的虚实感、轻重感及冷暖感三个表现内容。

不同基本形态建筑材料的主要感官特性　　　　表1-13

基本形态	主要知觉特征	示例	
点材	特征：装饰性、符号性、灵动感 当点在建筑的中间位置时，给人以稳定、单纯、肃静的感觉；而当点出现在其他位置时，就会产生不稳定性、方向感和运动感		
线材	特征：方向性、运动感、轻盈感 直线构件则刚硬、简洁，充满紧张感、力度感；曲线构件则柔和、圆润，富有强烈的运动感、饱满感		
面材	特征：延展性、连续性、整体感 面材的视觉特征是轻薄而延展，介于线材与块材之间，且因观赏角度不同，可以产生不同的形态感觉		
块材	特征：厚重感、体积感、稳定感 相对点材、线材、面材而言，块材的空间形态十分明确，体积感最强，对空间的占有度和塑造力也最大		

1.5.1　轻盈感与厚重感

　　建筑表现的轻重感与材料本身的轻重性直接相关，它主要由材料自身色彩的深浅、表面质感的粗糙与光滑，以及材料的透明度等属性决定的（表1-14）。

材料的轻盈感与厚重感分析　　　　表1-14

轻盈感 ——————————————————————————→ 厚重感

色彩

浅色 ——————————————————————————→ 深色

续表

	质感		
光滑 ————————————————→ 粗糙

透明度

透明 ————————————————→ 不透明

（资料来源：网络收集、作者自绘）

在古代由于追求材料的厚重感及建筑的庄重感，多以石材、砖等不透明的材料为主要构筑材料，大多采用上轻下重、上小下大、上虚下实的建筑形式。而在当代金属、玻璃这类新材料广泛应用之后，建筑的表现形式增多了。设计对透明及轻盈感的追求增加了，形式由以往的封闭、沉重转向了开敞、通透。出现了很多上重下轻、上大下小、上实下虚的底层架空的新形式，给人带来现代感和强烈的视觉冲击力。体量上下部分的材料及体量之间形成强烈的轻重对比，使悬浮感和轻盈感取代以往的沉闷感和厚重感，具体应用实例如表（表1-15）。

轻与重的应用实例	表1-15

萨伏伊别墅	京宋庄美术馆
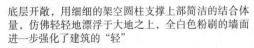	
底层开敞，用细细的架空圆柱支撑上部简洁的结合体量，仿佛轻轻地漂浮于大地之上，全白色粉刷的墙面进一步强化了建筑的"轻"	底层用高度透明的玻璃围合，通透而单薄。上部是由黏土红砖墙体组合成的大块矩形体量。仿佛一块块巨大的红色岩石漂浮于空中

（资料来源：网络收集、作者自绘）

1.5.2 虚幻感与真实感

空间的虚实感通常可理解为建筑材料围合成的不同程度的围合感。而影响虚实感的第一个关键要素就是材料的通透程度。材料透明度的不同会创造多种微妙的视觉效果，从而为建筑空间营造丰富的艺术氛围。除材料的纯透明度之外，虚实感还与材料之间以何种方式组合有关，主要有以下三种形式：

（1）利用"线状"材料不同疏密程度的排列，形成朦胧多变的立面效果。

（2）利用"板状"材料有机地拼接，形成镂空的状态。

（3）利用"块状"材料形成或漏或明的堆砌体，这种方式与第2章讨论的砖砌建筑有很大的相似之处。

利用不同的透明度和虚实度，在改变建筑外在形体轻重感和虚实感的同时，也改变了人在其中的体验感。有以下三种不同的组合方式及其特点（表1–16）。

不同透明度材料的特点   表1–16

	方式	案例		特点
1	以不透明的材料组成的界面或体量为主，利用自身造型形态形成通透虚实感			可以打破不透明材料的沉闷封闭之感
2	以透明的材料组成的界面或体量为主			可以产生轻盈、通透、迷幻的美感
3	不透明材料与透明材料组成的界面或体量，交错布置			可以产生强烈的虚实对比、节奏和韵律

（资料来源：网络收集、作者自绘）

建筑师需要结合空间的实际功能和结构等方面，选择不同通透程度的材料，以不同方式组合，从而创造虚实感丰富的建筑空间或实体。

1.5.3 冰冷感与温暖感

建筑带给人的冷暖感主要是由材料表面的冷暖性所决定的，而材料本身的冷暖特性和其色彩、质地和质感以及光泽度、透明度直接相关。本文分析了以下四种影响建筑材料带给人冷暖感的因素（表1-17）。

<table>
<tr><td colspan="5" align="right">材料的冷暖度分析　　　　　　　　　　　　　　表1-17</td></tr>
</table>

	方式		冷	暖
1	色彩的冷暖	冷暖色调，绿、蓝、紫等冷于红、橙、黄等。		
		如：暖红色调的木材、砖砌块会给人温暖柔和的感觉；而冷灰色调的清水混凝土、石材、铝板则给人冰冷坚硬的感觉		
2	质感的冷暖	光滑质感的材料比粗糙质感的材料要冷		
		如：安藤忠雄创造的细腻的光滑的"清水混凝土"，就要比保罗·鲁道夫创造的粗野的带条纹的"灯芯绒混凝土"要冷		
3	光泽度的冷暖	光泽度较高、具有强烈反光的材料比低光泽度、无光泽的材料要冷		
		如：具有光泽的金属材料就要比无光泽的天然木材要冷，抛光石材就要比亚光的石材要冷		
4	透明度的冷暖	透明的材料要比不透明、半透明的材料要冷		
		如：通透性强的玻璃建筑比木建筑要冷		

（资料来源：网络收集、作者自绘）

　　然而冷暖只是一个相对概念，具体情况也要具体分析。例如在不同的光照条件下，这种冷暖也会发生变化。因此需要建筑师根据具体空间功能和需要以及周围环境、地域文化的综合考量，加以选择和组合。在建筑设计中也经常会采用冷暖对比的手法进行对比搭配，创造丰富的变化和具有冲击力的视觉效果。

1.6　建筑材料的功能属性

　　建筑材料在具体建筑中可以充当不同的功能角色，例如材料在建筑中充当外表皮的功能；或室内空间中的墙面挂饰；另外还可以充当承重结构。本节分析以下两种主要的功能角色（表1-18）。

材料的功能分析 表1-18

	功能	分析	案例	
1	作为装饰材料外围护功能	材料在建筑中充当外表皮的功能，或室内空间中的墙面挂饰		
2	作为主体承重结构功能	材料在建筑中作为主体承重结构出现，是主要受力对象		

1.7 建筑材料形式美规律

建筑是艺术与技术两门学问的结合体，所以其形式的表达也是艺术设计范畴中的一种，而建筑本身又是由各种材料构件按一定的组合方式建造的，所以材料的组合表达，既是建筑设计的材料语言，也同样遵循形式美规律，并且受不同地域及文化背景下所产生的不同审美观念的影响。

建筑材料具有丰富多样的质地、质感、色彩、纹理等属性，以及丰富的形态特征，这种特征可以简单概括为点、线、面、体等基本构成要素，前文中也有所讨论。而建筑材料的组合可谓是这些属性特征的组合表达，建筑形式美规律则为这些组合提供了方法与指导方向，甚至是普遍适用的组合规律——在变化中求统一，在统一中求变化。

本书具体探讨韵律与节奏、对比与微差、比例与尺度。

1.7.1 韵律与节奏

黑格尔曾说："音乐是流动的建筑，建筑是凝固的音乐"。韵律与节奏的概念来源于音乐，这也是建筑师常用的设计方法之一。这种感受是指当将建筑中某个或多个材料构件要素进行重复、渐变、起伏、交错等方式的组合和排列时，可以产生如音乐般的节奏感和韵律感，让建筑更具有秩序感和整体感，同时丰富了建筑立面细部，做到整体与细部的统一，激发人们的视觉美感和联想。建筑呈现韵律和节奏的规律，对材料及构件形态之间的组合方式及构图规律有着重要的影响，除此之外，还和材料的质地、色彩、纹理以及透明度之间的组合搭配方式也息息相关。

根据韵律和节奏的规律以及设计手法，可以总结出以下四种基本的材料的韵律组合方式：①重复排列的韵律组合；②规律变化的韵律组合；③立体起伏的韵律组合；④立体交错的韵律组合。

不同的韵律组合方式，可以形成不同的视觉及心理感受。这些组合方式可根据建筑的类型、功能、空间、结构以及周边环境、文化地域等因素加以选择。

例如，德国柏林北欧五国驻德大使馆的公共服务中心的立面设计，通过长条木板与玻璃窗带之间的重复排列组合，形成的立面肌理具有丰富的韵律感和节奏感。木材与玻璃之间的质感、色彩、透明度之间的对比，使简洁统一的体块因两种材料的组合而变得充满细部内容（图1-6）。

又如，斯图加特美术馆设计试图在大面积的石材墙面中寻找一种新变化，用一段曲线式的玻璃幕墙，通过透明玻璃和绿色钢架的立体起伏组合，从而形成波浪般的韵律和节奏。玻璃和钢架与厚重的平整的石材墙面，产生虚实、形态、肌理的强烈对比，使整个建筑变得生动活泼起来（图1-7）。

1.7.2 对比与微差

在实际建筑设计创作中，选用的材料肯定不止一种，当两种或多种材料组合在一起时，就会产生对比与微差，只是程度不同。不同材料之间都存在着一定的差异，对比是显著的差异，而微差是细微的差异。

就建筑形式美而言，两者相辅相成，缺一不可。对材料组合而言，一般是通过材料间的质地和质感、光泽、色彩、透明度的不同程度的差异来获得立面上对比或微差的效果。其中对比是通过材料间显著的质感、色彩、虚实、冷暖等的不同来求得强烈的视觉差异；而微差则是借材料彼此间的共性和连续性，以求得协调和谐。

材料的对比组合可以产生强烈的视觉效果，但如果过分强调对比，便很有可能丧失建筑

图1-6 德国柏林北欧五国驻德大使馆

图1-7 斯图加特美术馆新馆

本身的连续性和整体性。而材料的微差组合，却可以通过统一中的微妙变化，使建筑在整体性和秩序性的统一中，丰富而细腻，容易产生既庄重典雅又俏皮活泼，既个性又含而不露的效果。

例如，长城脚下的公社中的某座会所的材料组合运用，就充分利用了对比与微差的创作手法达到丰富而和谐的效果：①对比一：建筑上部橘红色的木板材与暗红色的锈迹斑斑的耐候钢板之间的色彩微差及质感对比；②对比二：建筑下部冷灰色的清水混凝土与上部暖红色的木板材和耐候钢板之间的冷暖对比和质感对比（图1-8）；③对比三：透明玻璃转角窗与木材、混凝土、耐候钢板之间的虚实对比。又如，崔恺设计的北京外研社办公楼及印刷厂改造，利用浅色红砖和深色红砖之间的色彩微差以及排列肌理的对比来组合建筑外立面，既庄重典雅又丰富细腻（图1-9）。

1.7.3　比例与尺度

建筑物一般由各种几何形体构成的，因此建筑构图基本上遵守几何学上的比例和尺度关系。比例是指建筑物各要素之间的大小、长短、高低、宽窄等几何学上的关系，是形体之间谋求均衡、统一的几何秩序；尺度则是指建筑物整体与局部构件的真实大小与人的感觉大小之间的关系，一般分为自然的尺度、夸张的尺度、亲切的尺度。柯布西耶把建筑的比例和人体尺度结合在一起，提出独特的"模数"体系，成为现代建筑中处理尺度和比例的基本美学原则。

由于每种建筑材料自身的内在组织结构、理化特征、结构属性的不同，每种建筑材料都有其相应的合理的尺度和比例。而且由于外在的加工方式、功能用途、造型设计的不同，每种材料作为构件建造建筑时也具有不同的尺度及比例。建筑物的空间及其各部分的尺度和比例，主要由功能需要、材料性能、结构形式等决定的。在建筑设计中，应注意推敲建筑各要

图1-8　长城脚下公社

图1-9　北京外研社办公楼及印刷厂改造

素之间的比例和尺度关系，使建筑的整体和局部、局部和局部之间拥有良好的比例和尺度关系，才能给人和谐的美感。

例如，法国卢浮宫地下扩建中心大厅的一组空间造型设计，上端尺度极大的玻璃倒三角锥体，正对下端尺度极小的大理石正三角锥体。这两个利用不同材料构成的几何形体，在尺度和比例上的差异和对比，与这两种材料的轻重质感形成强烈反差，产生了极其强烈的视觉效果（图1-10）。尽管上部分形体的尺度远大于下部分形体，原本极端不稳定的，由于玻璃的质感比石材的质感在视觉上要显得轻盈得多，而使这组造型的比例和尺度都显得十分和谐。

建筑设计中经常遇到的墙面划分问题，可以通过不同材料构件之间的尺度和比例的调节，产生不同的视觉感受，或自然或亲切或夸张。同时可借助门窗及细部的尺度处理来反映建筑物的真实尺度。例如，北京燕莎中心的墙面划分，大面积的米黄色预制混凝土挂板，采用与带有黑色金属边框的玻璃窗相同的尺度，再用点状黑色金属材料点缀于窗户与混凝土挂板之间，和谐的比例和尺度使建筑整体含蓄而庄重沉稳（图1-11）。

1.8 本章小结

本章主要概述本书探讨的重点，即建筑的文化品质，包括：建筑材料的艺术表现力、文化艺术氛围、建筑材料的性格特征、地域性以及建筑材料的营造，其中建筑材料艺术的表现力是本书探讨的重点，因而引出了人的视觉心理。另外，论述了建筑材料的分类、感官属性及其特征以及功能属性，为后文介绍具体的建筑材料做铺垫。

本书所探讨的建筑文化品质具体包含以下几个层面：①建筑材料的艺术表现力；②文化艺术氛围；③建筑材料的性格；④建筑材料的地域性；⑤建筑材料的营造。由此引发的最重

图1-10　巴黎卢浮宫地下扩建中心大厅

图1-11　北京燕莎中心墙面划分

要的概念之一便是审美心理，它是具有共性和普遍性的。所以无论体验者个体的背景差别有多大，在他们心中，对建筑的美的意境都已经生成。而材料的感官属性特征和视觉审美心理的结合，可以看出材料本身能带给人不同的感官感受，例如材料具体的虚实感、轻重感及冷暖感三个表现内容。形成组合材料的这些美感时，与本章分析的形式美规律相关，建筑材料的组合可谓是这些属性特征的组合表达，建筑形式美规律则为这些组合提供了方法与指导方向，甚至是普遍适用的组合规律：在变化中求统一，在统一中求变化。

第2章 砖 石

"建筑开始于两块砖被仔细的连接在一起"。

——密斯·凡德罗

砖石材料从古埃及、古希腊、古罗马时代以来，就给世人留下坚实、稳固、雄伟石构建筑的印象。砖石不仅以其天然质地和雕刻纹理美化了西方古典和中世纪时期的建筑立面，它还在当代建筑立面中仍广泛运用，例如承重构件、围护材料、装饰材料以及填充材料。砖石材料在当代材料繁多杂乱的建筑环境中，以一种淳朴的自然气息和传统的人文色彩独树一帜（图2-1）。

赖特在他发表的一篇文章中阐述了他对各种材料性能的理解，其中他认为石材的基本特点是硬质、耐久和有重量感，因此应该用于体形简洁、体量巨大而宏伟的建筑。石材的第二个特点是天然肌理、色彩和微妙的线条，无论是原始或者经过加工的石材都有质朴自然的美，丰富多变的肌理是石材最重要的知觉特性。

图2-1 砖石材料意象

2.1 砖石的感官属性

2.1.1 肌理

砖石材料的砌筑肌理既规整精确，又丰富多变，质感平整细腻，色彩单纯均匀（图2-2）。例如在传统建筑中，富于秩序感的砖砌墙肌理使北京四合院看起来更符合尊卑有序的礼制。在德国，砖墙成为象征城市文脉和建筑历史的景观元素。受其独特表现力的吸引，阿尔托、路易斯·康、赖特等现代主义大师不约而同地以烧土材料表皮隐喻传统精神和地方文脉。赖特认为，砖与土壤有色彩上的联系，这种人工材料犹如从地面自然生长出来的一样。

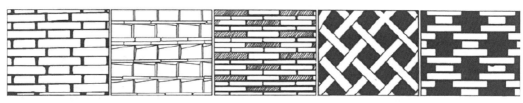

图2-2 砖石砌筑肌理

因此，即使在一面用统一的尺寸和形状砌筑而成的砖墙里，组成砖墙的每一块材料都在展现着自己的个性与韵味。这些信息经过人体的视觉和触觉的接受处理，带给人粗犷、质朴而又真实的感受，体会到砖材料与大自然的联系。

建筑师的一大任务就是充分发挥砖石材料的特点，把它们应用到适当的地方。例如贴在地面的石材，讲究的是材料的耐磨性与人在使用中的舒适度，而在应用于室内外的墙面装饰时，追求的则是视觉的享受。品种繁多的石材提供了无穷的肌理效果，充分体现了质朴的自然美。

2.1.2 颜色

砖石的颜色是材料内在真实自然的表现，它不是人工添加化学原料的结果，而是烧制过程中黏土与氧气含量相互作用造成的。砖石的颜色是对所在地域泥土的一种有机体现，是一种对具体地方信息的真实表达，具有很强的地域特点。这种固有的自然天成的色彩美具有亲切感与真实感，它的自然质朴的色彩总是会让砖建筑传递出亲切宜人的情感。

砖一般分为两大色系，暖调红黄色砖系和冷调青灰色砖系。红砖之所以产生这种红色，是因为红砖的泥土富含更多铁的氧化物。而相对含有较少石灰质并且在烧制过程中氧气含量充足，这些因素综合起来就形成红色砖系。如果泥土中石灰质含量较高，则会让砖块偏向黄色系的色彩。而青灰系列的砖，主要是在烧制过程中不通氧气而形成，如果氧气含量特别低生产出的砖则颜色发暗。

砖石这些自然的色彩来之于大地，与自然界融为一体，使建筑空间呈现宁静和谐的氛围。此外，不同砖色彩的对比与砖块自身所持的杂色斑驳的微差，这些丰富但不杂乱的变化带来让人回味无穷的丰富细节，唤起我们身体全方位的知觉感受与体验（图2-3）。

　　清水建筑在我国有着久远的历史，砖墙以其朴实凝重的色理，孕育着清水建筑特有的表现力。在清水砖的艺术效果上，暖色调的红砖给人温暖的感觉，且质地较为坚硬，所以目前多数民用住宅主要结构用砖都为红砖（图2-4）。当然，某些地区也有喜用青砖的，例如北京的四合院就喜用青色调为主的砖。山西平遥常家大院的多数建筑均为青砖灰瓦，辅以各种形式的砖雕，建筑庄重朴实，整体空间却丰富多变，峰回路转，为人们展现了豪华而又宁静、充满文化底蕴的封建富豪家族的聚居状况（图2-5）。它的色彩是对所在地域泥土的一种有机体现，是一种对具体地方信息的真实表达。

图2-3　暖调红黄色砖系和冷调青灰色砖系色彩对比

图2-4　暖调红黄色砖系艺术效果

图2-5　冷调青灰色砖系艺术效果

2.1.3　质感

　　砖石材料具有天然的丰富质感，传统砖的自然质感来自于砖面自然生成的纹理与微小孔洞的凹凸不平，并且随着时间的推移，砖石表面经过风化侵蚀，使其质感也有丰富的变化，呈现出一种体现年代感的真实美感图（图2-6）。这种质感的知觉体验也是砖筑艺术带给我们真实、质朴、亲切情感的一个原因。砖石材料的天然丰富的质感，它所提供的感官体验也是许多当代建筑材料所无法提供的，相比较于其他冰冷、光滑的现代材料，砖石则以一种温

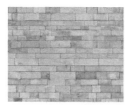

图2-6 砖石材料的天然质感

暖亲切的状态呈现在建筑中。

现代砖生产的工艺，可以人为获得更多质感丰富的砖。如喷洒陶瓷釉使砖面平滑、拉毛工艺使砖四面纹理更明显以及喷砂工艺等。无论是自然还是加工的砖，通过新工艺和处理方式对材料表面所造成的变化，都会让材料对我们的感知与知觉系统产生不同的影响。因此针对在不同功能建筑中的使用以及不同建筑情境，对这些不同的工艺带来的知觉影响有所了解之后，进而恰当地使用它们，才能创造出动人的艺术表现力。

砖石的质感是人对材料表面质地的软硬、粗细以及光滑程度的一种总体感受（表2-1）。通常情况下，细腻且光泽度强的石材，会使人感到材料的轻快与活泼感；平滑且光泽程度弱的石材，由于光反射量少，给人含蓄、质朴的感觉；粗糙且反射光点多的石材，会给人笨重、沉重之感；而粗糙无光泽的石材，则使人感到生动和悠远；此外，通过加工生产出具有半透明效果的石材，给人一种透明清脆的类似玻璃的感觉。

不同类型石材的感官特点   表2-1

	类型	感官特点
1	细腻且光泽度强的石材	轻快、活泼
2	平滑且光泽程度弱的石材	含蓄、质朴
3	粗糙且有光泽的石材	肃穆、沉重
4	粗糙且无光泽的石材	厚重、敦实
5	半透明玻璃砖的石材	通透、虚幻

2.1.4 形状

石头在化学反应、地壳运动、河流冲击等自然作用下可形成大小各异的形状（图2-7），如建造中经常使用的乱毛石、卵石、片石等。天然的石块，形状极其不规则，给人自然天成、鬼斧神工之感。当将他们应用于建筑表皮中时，被有机地组合成规则的形体，而形成一种不规则材料创造规则墙体的矛盾状态，加强了材料的不规则、碰撞之感，使人感到粗犷、原始、生态、田园、宁静。

图2-7　石头在自然状态下的不同形状

事实上，城市建筑环境中，天然的石材很少作为建筑表皮直接出现，只是偶尔被用来砌筑基础或墙裙。最常见的形状则为块状和片状，然而由于尺寸大小不同，块状石材形成的墙体给人厚实坚固之感，而片状石材垒砌的墙体则给人精密细致之感。

2.2　砖石的文化属性

2.2.1　材料性格

砖石作为一种建筑材料，其质感是非常独特的。由于生产工艺和原料不同等因素，大多数砖的表面平整呈粒状，手感略为粗糙，而模数化的生产又使得砖块之间在形状、大小、色彩等方面有着许多共性（图2-8）。这些原因赋予了砖粗糙与精细的双重性格。

一方面，当砖与更为厚重的石材一起使用的时候，其表面平整而粗糙的质感比起毛石的粗犷显然要细致许多（图2-9）。

另一方面，当砖与玻璃、金属或其他更为精细、平滑的材料一起出现的时候，它转而成了两者中厚实、凝重、粗糙的存在，衬托出玻璃和金属的轻盈、光滑（图2-10）。

图2-8　砖材料堆砌表达　　图2-9　砖与石材的组合
　　　　　　　　　　　　　　　　　表达　　　　图2-10　砖与玻璃等材料的组合表达

这种粗糙与精细兼而有之的双重性格，让砖在具有结构大众性的基础上大大增加了装饰的普适性，无论在与比自己粗糙还是精细的材料搭配时都能够找到合适的定位。

按制砖的材料来分类，可以将砖分为黏土砖、粉煤灰砖、炉渣砖、矿渣砖、灰砂砖、玻璃砖等。

总而言之，砖种类的不断增加，导致形态、质感和颜色上的变化，为人们带来了不同的视觉特征体验。同时，不同类型的砖也为建筑师提供了更多的创作可能性，通过使用不同物理性能的砖，组合得出各种不同的性格、体验氛围的建筑。这些特殊的性格能够转化成具体形态，对人的视知觉带来特殊体验，这也正是建筑师在建筑体验中追求的一个重点。

2.2.2 地域文化

虽然木材、金属、混凝土、玻璃等材料也完全可以创造出契合当地地域特征的建筑作品，但砖石材料在这一点上具有很大的优势，比如材料容易获取、方便运输、节约成本和施工简单等，而最重要的则是砖石材料与大自然地貌的直接关系，是其他任何材料都无法比及的。例如，寒冷地区多用厚重的砖墙，而炎热地区则采用通透砖廊以达到遮阳效果等，这些都是砖石建筑基于地理环境的地域性表现。

1）基于当地自然环境

砖石材料在自然环境不同时，所表现的就是自身保温隔热性能的应用，最著名的例子之一便是赫尔佐格与德默隆设计的Dominus Winery酿酒厂，建筑利用了当地玄武岩的蓄热特性，用石筐的建造方式包裹整个建筑的表皮（图2-11），来适应纳帕山谷昼夜温差较大的气候条件，制造了有利于葡萄酒储存和酿造的温湿度环境。

设计在建筑的立面安置了金属笼，这本是一个在水利工程中，用来填塞石头的装置（图2-12）。而当被植入到立面之后，它们便构成了一个笨重的体块用来阻挡白天的热流与晚上的寒气，以此把房间分隔开来。建筑师选择了当地墨绿色、黑色的玄武岩来与周围美丽的风景进行融合，然后按需要以不同的密度填入金属笼，这就使得有些墙体严密不透风，而一些则允许光的通过。白天建筑会透入自然光（图2-13），而晚上，室内灯光又会渗透到外面。

2）基于当地民族文化

除去自然环境的因素以外，地方特有的文化习俗也是地域性中最关键的一部分。由于人们所信奉的社会文化价值观念存在差异，即使物质条件严苛，建造出的砖建筑依然千形百态。在特定的文化环境之下，砖建筑与人的情感、行为和视觉发生互动。所以，要使砖建筑表现地域化特色，真正去做到因地制宜，文化环境是不得不考虑的重要因素。

由董豫赣设计的北京清水会馆，是对中国传统园林与朴素的文人审美文化的一次挑战。会馆是一个砖混结构的私人会所，该建筑的构思源于对中国诗画及文人修身理想的思考，力

图2-11 石筐建筑表皮

图2-12 立面布置金属笼

图2-13 室内光影效果

求使建筑体现诗画般的意境（图2-14）。设计中融入了诸多中国元素，例如在入口空间使用园林中小中见大、欲扬先抑的手法，将空间变窄并拉长，进而增加了进入院子的期待感和快速通过的紧张感（图2-15）；建筑被内部的隔墙分成多个小院，院内各有千秋（图2-16）。

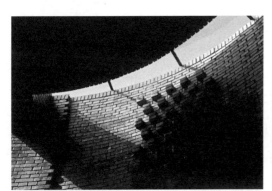
图2-14 建筑意境表达

图2-15 入口空间表达

图2-16 院落鸟瞰

　　新疆吐鲁番地区的特殊气候导致该地盛产葡萄，其葡萄干也广为人们知晓，因此吐鲁番的住宅多结合风干室而建（图2-17）。风干室多采用多孔砖透空砌法便于通风（图2-18），除了风干室采用了砖石透空砌筑方法外，房屋阳台围墙也延续了这一风格，使得整个建筑散发着浓烈的民族地域文化气息（图2-19）。

图2-17　住宅结合风干室建造

图2-18　多空砖材料

图2-19　建筑的民族文化气息

风干室内用很多木杆支撑着晾晒葡萄，砖石与木材料的结合使整个室内给人一种原始、自然纯朴之感。

3）基于当地经济技术

由于各个地方对砖石材料生产和建构的技术差异，使砖石材料的特性与建构方式也呈现出强烈的地域性。这些技术不仅仅是满足人类居住的一门手艺，而且还是当地人们集体智慧的结晶，需要现代的建筑师们去学习、继承和发扬。因为地域封闭而导致交流的困难，以及对地方技术的自信而形成的地方保护，使得各地对砖石材料的运用技术都不可能是完美的，对砖石材料生产技术的运用，能很大程度地激发当地的建筑活动。

TAKA住宅，设计中房子南立面有许多突出来的砖块，在自然光线不同的情况下，这些砖块形成不同的阴影形状。同南面墙壁不同的是，房子北面的墙壁上有许多的小孔，给人一种将那些突出的砖块从这里抽出了的感觉，这些小孔起到了流通室内空气的作用（图2-20）。建筑立面以维多利亚式住宅中的荷兰式砌合法为基础，通过镂空和凹凸的处理方式得到两种新的建筑表皮，并将其看作是对传统建造技术的继承和发扬（图2-21）。

图2-20　TAKA住宅的北立面表达

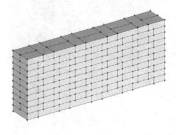
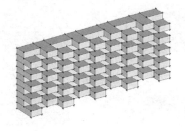
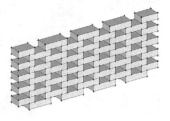

图2-21　荷兰式砌合法及不同处理方法的表达

2.3 砖石的功能属性

2.3.1 作为主体承重结构

国内有很大一批建筑使用砖作为主要的建筑材料，甚至整个建筑的各个部分都是单一使用砖作为建筑材料。在此类建筑中砖砌体是主体承重结构。例如位于我国黑龙江省哈尔滨市的圣索菲亚大教堂便是全红砖建筑的一个典范。

圣索菲亚大教堂位于哈尔滨市内，是拜占庭式建筑的典型代表。教堂的墙体全部采用清水红砖，为了承受教堂整体的重量，教堂最厚的墙体厚度达到了480厘米。与此同时，圣索菲亚大教堂的外立面装饰也是通过清水红砖的不同砌法来完成，多种凹凸的装饰砌法结合使这个教堂的整体形象让人感觉到无比震撼，其建筑细部施工也非常细致（图2-22）。圣索菲亚大教堂是国内现存的以砖作为建筑主体材料的建筑中结构与装饰结合的成功代表。

2.3.2 作为建筑外围护填充材料

砖石在建筑中最常见和历史最久远的就是作为外围护的填充材料出现。

图2-22 圣索菲亚大教堂

1900年，万国博览会上展示了钢筋混凝土在很多方面的使用，在建材领域引起了一场革命。随后以混凝土，钢材为首的新建筑材料开始被人们所熟悉。20世纪初，第一代现代主义建筑大师柯布西耶对混凝土的大规模使用，人们开始意识到这种材料的巨大优势。此时，由于单块砖的尺寸较小，施工费时而且无法使用大型机械施工，已经被应用千年的砖开始退居建筑材料二线，由原来主要承重建筑材料转变为建筑维护结构的填充材料。至今为止这种混凝土框架加填充砖的建筑构成模式，由于其相对经济而且施工快捷便利的优势在国内外还是应用最广的组合模式。

我国现在大部分地区都还在使用混凝土框架加砖砌体填充墙的组合方式，特别在一些经济较不发达地区，由于施工被限制在有限的资金和有限的材料选择的情况下进行，所以这种组合方式就是最佳的选择，至今现存国内农村的自建房使用这种混凝土框架砖砌体结构的建筑还是随处可见（图2-23）。

2.3.3 作为建筑外表面装饰材料

设计中常用作为建筑表皮的材料有：泥土、石头、木材、柴草等。这类表皮是通过新的技术手段对常规的材料进行二次组织，让这些已经渐渐淡出人们视线的材料再次焕发出新的生命力。

例如宁波博物馆，建筑立面开窗法以及装饰性外墙采用浙东地区瓦爿墙和特殊模板的清水混凝土墙（图2-24）。瓦爿墙得到了大面积的使用，几乎占整个博物馆外墙的一半。在建造过程中，瓦爿墙砌筑采用层层叠砌的方式，沿墙体高度每隔600厘米设置一道皮砖找平层，在门窗洞口处断开外，其他部位的皮砖找平层则需贯通找平皮砖，但同一层的皮砖厚度必须统一，皮砖砌筑时，全部以砖块长向沿墙面水平方向砌筑，每段瓦爿砌筑完成后必须及时清理砖瓦缝外粘连的砂浆以及砂浆溢流的痕迹，保证墙面和砖瓦缝干净。

图2-23 混凝土框架砖砌体结构建筑

图2-24 宁波博物馆的外立面表达

2.4 砌筑方式及其艺术表现力

本章归纳总结了七种砖的不同砌筑方式，在这里主要讨论除去传统的砌筑方法以外的六种方法以及其艺术表现力。

2.4.1 传统砌筑方法

由于传统砌筑法前人的研究已经很深入，所以本文不再作深入讨论。传统砌筑法的墙面都比较规整、平坦，是生活中经常能接触到的建筑立面砌筑手法（表2-2）。

传统砌筑法 表2-2

砌筑名称	顺丁砌法		空斗墙	
名称	顺砖，指砖的长沿墙面 丁砖，指砖的宽沿墙面		斗砖，砖侧立砌筑 眠砖，砖平初	
砌法图示	一顺一丁	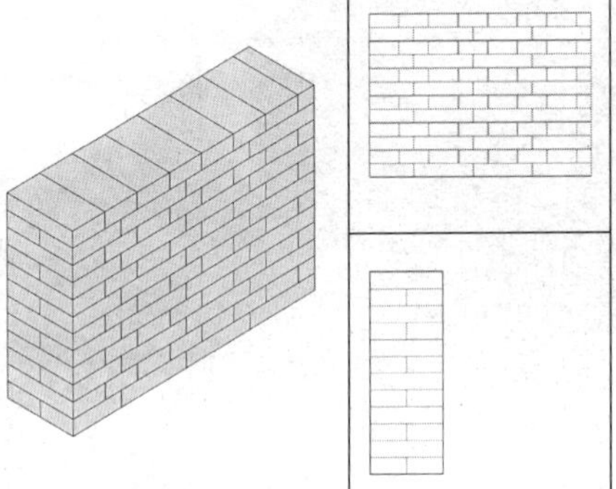	无眠空斗	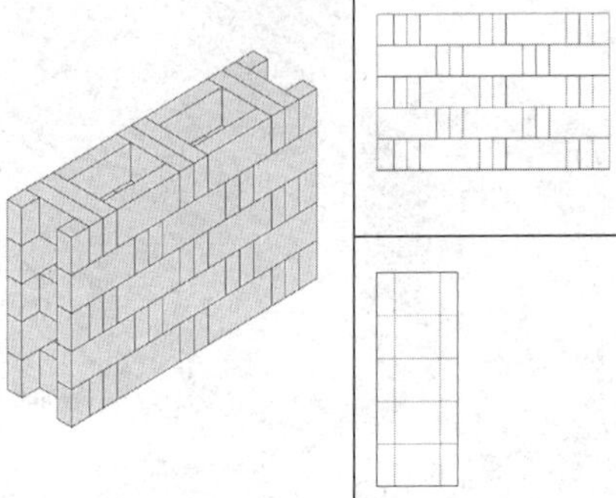
	三顺一丁	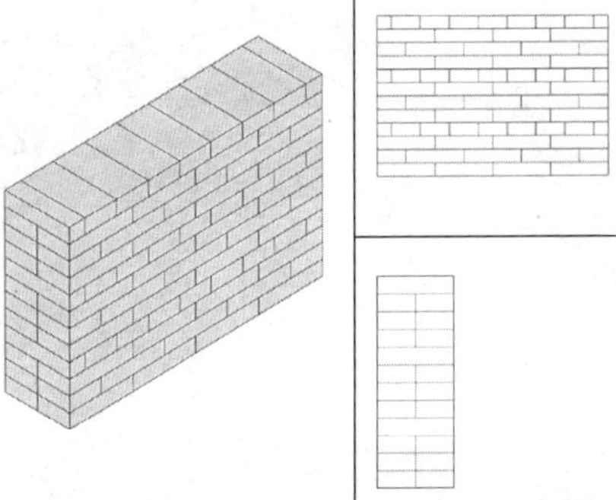	一眠一斗	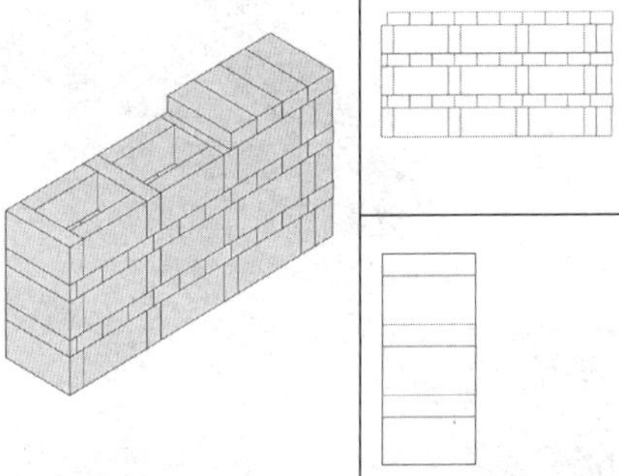
	梅花丁	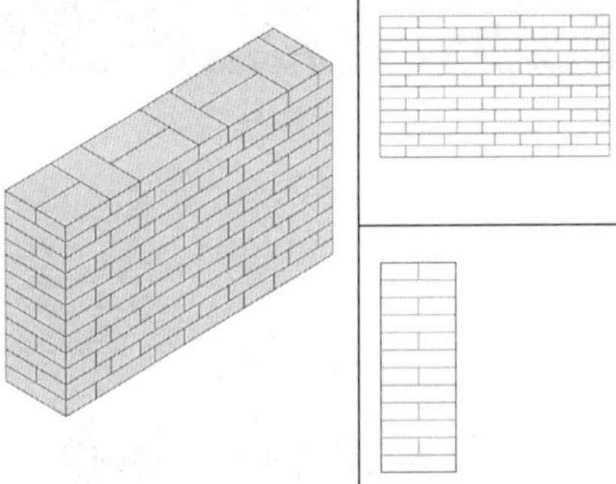	一眠三斗	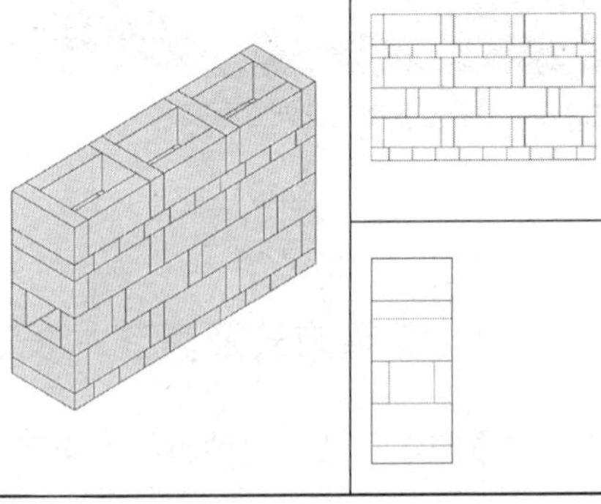

（资料来源：作者自绘）

2.4.2 具有凹凸立体感的砌筑法

凹凸砌筑法是利用砖块三维尺寸的不同，在砌筑时将单一或整个单元砖块进行凸出或者凹入砖墙表面的变换，形成丰富立体效果的砌筑方法。建筑师可以利用不同的砌筑方式组合出丰富的砖砌建筑表皮，呈现出多样的表皮变化或者多变的室内空间光影。

共总结了以下三种凹凸砌筑类型，下文主要对砖的第一种凹凸砌筑进行研究（表2-3）。

凹凸砌筑法及特点　　　　　　　　　　　　　　　表2-3

类型		砌筑手法	特点
1	规则凹凸砌筑	利用砖块本身的长、短边，在砌筑时按照某种空间逻辑，将单块或成组的砖挑出或凹于墙体表面	形成有规律或无规律的凹凸变化纹理
2	异形砖凹凸砌筑	利用特殊的异形砖进行砌筑，异形砖自身带有翻制的纹样，本身就具有一定的凹凸变化	异形砖与普通砖之间可形成鲜明的对比
3	纹理凹凸砌筑	在普通的砌筑成品墙体上使用雕刻工具	雕刻出丰富的凹凸纹理

（资料来源：作者自绘）

1）规则的凹凸砌筑法

如诗人住宅，建筑仅仅使用了砖和玻璃作为整个墙体的材料，因此如何使用简单的材料设计出丰富有趣的立面效果是设计中的难题，而砖肌理的营造恰好可以解决这一问题（图2-25）。

每面墙都是砍半砖、凸半砖和空洞中两到三种砌筑法的混合，三种不同密度肌理组合的砖墙和无规律的窗洞相结合，一起进行蒙德里安式的几何划分（图2-26），让人不由得猜想表皮背后建筑空间的丰富多变（图2-27）。

图2-25　诗人住宅细部

图2-26　诗人住宅立面

图2-27　诗人住宅室内

这三种砌法具体分别是：①空洞；②凸半砖；③砍半砖。通过以上三种不同砌法的组合，形成具有强烈编织肌理感的建筑立面。另外，由于砌筑法不同而形成的色彩的差异和光影效果大大突出了这种墙体的自然魅力（表2-4）。

诗人住宅砌筑法 表2-4

类型	砌筑方法	特点	图例
空洞	两皮砖层叠，中间留下三分之一砖长度的空洞以此叠加，上下错缝，形成镂空的墙面	镂空砖墙创造了丰富的光影空间，同时加大了通风效果	
凸半砖	两匹砖叠加，丁砖出挑半砖，形成立面上的凸出物	凸半砖的手法有效地丰富了建筑立面，使得原本单调的立面生动起来	
砍半砖	两匹砖叠加，丁砖为半砖，上下两层错缝，形成较平整的墙面	外立面墙面很平整、规矩，给人简洁、规则之感	

（资料来源：作者自绘）

2）利用凹凸感创造几何图形

利用凹凸砌筑法可以营造出丰富的墙面立体感，如红砖美术馆建筑是由旧厂房改造而来，同样采用了传统的红砖作为基本材料（图2-28），建筑师努力在建造砌筑过程中保证每一块砖体的完整性，形成一种独特的立面魅力。在美术馆的一面装饰墙上采用了凸出砖块的手法，而建筑师没有将整面墙的砖块全部凸出墙面，而是有意取掉其中的"十字"造型（图2-29），创造出一个十字架的立面效果（图2-30）。

3）角度不同的凹凸砌筑

这种具有凹凸感的砌筑法不但在平直的墙体中适用，在曲面墙体上也可以很好地发挥。如果倾斜于墙的砖块随墙面的弧度一起倾斜，会使墙面的整体感更强，使建筑的立面活跃而生动。

伦敦的一个名为"美发沙龙"的建筑，立面采用如犬齿般连接的砌筑法，砖与墙面不是平行而砌，而是保持一定角度依次砌筑在一起（图2-31）。两层相邻的砖在旋转的基础上再另外错开一个砖的距离搭接，加强了曲面墙的此起彼伏之感，使得立面效果一下子活跃了起来（图2-32）。

图2-28 红砖美术馆
（资料来源：作者自摄、作者自绘）

图2-29 红钻美术馆艺术墙
（资料来源：作者自摄、作者自绘）

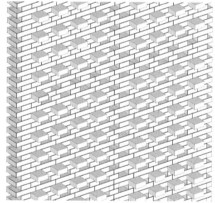

图2-30 模型还原
（资料来源：作者自摄、作者自绘）

图2-31 美发沙龙

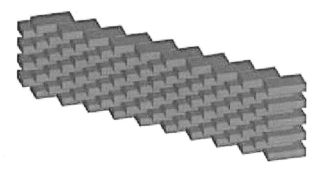

图2-32 模型还原

2.4.3 具有轻盈通透感的透空砌法

透空砌筑法是利用砖之间的空隙形成孔洞，丰富建筑立面，这种手法既解决了通风和采光问题，带来视线与空间的延伸之感，同时又维持了本身庇护功能。

巧妙地应用透空砌筑法，还可以创造丰富的立面肌理，起到良好的装饰作用，营造出舒适的体验氛围。下文主要总结了由传统砌筑法演变而来和创新砌筑两种手法（表2-5、表2-6）。

传统透空砌筑法及其特点　　　　　　　　　　　　　表2-5

砌筑方式	透空砌法		
由传统砌筑方法演变而来：主要做法是从原始传统的墙体中，抽出一些板砖，这些抽取的位置或随机追寻一种自由感，或按一定的规律有机组织，打破原有的封闭墙壁			

（资料来源：作者自绘）

创新透空砌筑法及其特点　　　　　　　　　　　　　表2-6

砌筑方式	透空砌法		
创新砌筑法：处理手法不同于传统规则地抽出砖体，采用创新手法如旋转、叠错等。			

（资料来源：作者自绘）

图2-33 红色系砖墙　　　图2-34 青色系砖墙　　　图2-35 立面效果

1）规则的透空砌筑法

如建川文革镜鉴博物馆在悠久的历史背景下，选择了具有历史沉淀感的红、青两色的页岩砖搭配清水混凝土（图2-33、图2-34）。透空的砖砌体在起到装饰作用的同时也充当了建筑的外维护结构。设计中针对不同室内空间的使用功能，选取不同通透程度的砖砌"花墙"，以满足室内的环境的需求。而且还针对透空部分的孔洞专门设计了符合其模数需要的"钢板玻璃砖"，这是一种透明的砖块，应用于需要封闭同时又有孔洞的立面墙体（图3-35）。

建筑立面肌理是多变而又不重复的，通过使用砖的不同面相接的排列组合形成六种不同透空肌理的组合（表2-7），进而创造了四种不同孔洞尺寸，见表2-8。建筑师通过这六种砌法和四种尺寸孔洞的随机无序排列，形成极富当地特色而且具有一定韵律感的透空砖砌立面。

六种立面砌筑法　　　　　　　　　　　　表2-7

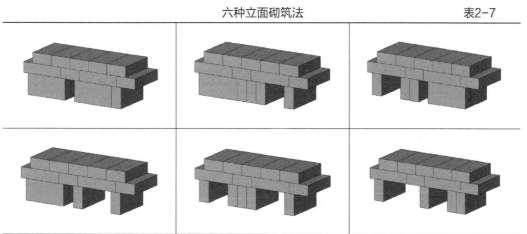

（资料来源：作者自绘）

	四种孔洞尺寸			表2-8
孔洞	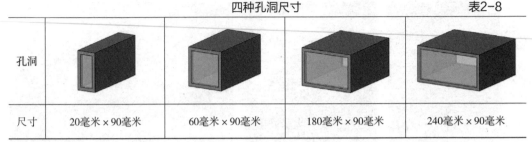			
尺寸	20毫米×90毫米	60毫米×90毫米	180毫米×90毫米	240毫米×90毫米

（资料来源：作者自绘）

由博物馆的细部照片可以看到立面有一部分孔洞是完全透空的（图3-36），即这部分孔洞是室内外空间直接相连，所以就要考虑孔洞的飘雨、滴水等渗透进入室内的问题。建筑师采取的措施是对于每一个完全透空的孔洞，均在底面进行抹灰而形成一个向外的小坡，从而有效地防止了室外的雨水流入室内（图3-37）。

展览空间均布置于有镂空孔洞墙体之后的建筑空间内，因此创造了一个一面为透空砖墙，另一面为展品的展廊（图2-38～图2-40）。这种设计既能够保证室内采光，同时其特殊的透空肌理又能让原本单调、沉闷的建筑空间氛围变得活跃起来。其次，因为透空孔洞的尺寸较小，所以阳光一般无法直接射入，而是通过孔洞的反射而进入室内，从而有效防止了展品镜子的反射造成眩光（图2-41、图2-42）。

图2-36　墙体细部
（资料来源：谷德网）

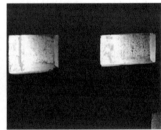

图2-37　孔洞抹灰
（资料来源：谷德网）

图2-38　室内空间
（资料来源：谷德网）

图2-39　室内展廊

图2-40　光影效果

图2-41　展廊空间

图2-42　光影效果

2）异型砖的透空砌法

除了规则砖块的透空砌法以外，还有以异型砖创造透空效果的方式。在宝积寺站的站前广场上，排列着三幢用大谷石砌筑的石造仓库（图2-43）。设计不强调新旧的对比，而是强调新旧之间的融合，在这个项目中，隈研吾尝试创造出时间的渐变。大谷石和铁板的组合构成的"半透明"石壁渐变过渡了旧有的石造仓库和新建建筑。它是砖石结构和钢结构的混合产物，是一种独特的混合结构体系。

因为大谷石是火山灰凝固之后形成的石材，其脆性较大，这就必须要稳固坚实的结构体系，于是建筑师提出了在使用铁板制作的斜线骨架之间嵌入石块的方法。用这样的方法，即使大谷石再脆弱也能发挥其抗压作用。将钢铁的抗拉能力与石材的抗压能力组合，创造坚固构造的想法，与将钢铁的抗拉性能与混凝土的抗压性能组合而创造的钢筋混凝土结构的想法是一样的。将不同材料各自的性能活用并组合，是非常合理的思考方法。

建筑师为了结构的稳定性，最终引入了钢板这一材料，从而提高建筑墙体的抗震能力，具体做法是将钢板布置于波浪状的石材之下（图2-44），然后再将竖向的钢板与石板下的水平钢板焊接起来。这种做法使石材与钢板逐层搭接，形成稳定的编织肌理，使立面通过阳光的变化呈现给人们丰富多变的光影效果（图2-45）。

图2-43　宝积寺广场

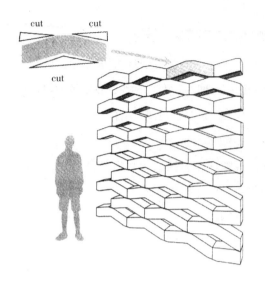
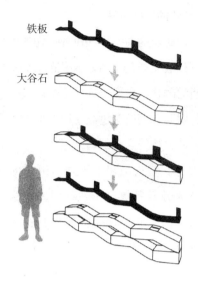

图2-44　墙体构造方式
（资料来源：《场所原论》隈研吾）

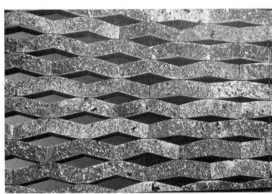

图2-45　墙体细部
（资料来源：《场所原论》隈研吾）

2.4.4　具有韵律动感的砌筑方法

将砖以一定的顺序与规律排列，形成特定的、具有渐变特点的立体几何形状。砖没有钢材随意可塑的特点，但可以通过单块砖的无限重复来表达建筑的律动感，通常都会形成一种曲面形态。

1）无规则的律动砌筑法

无规则的律动砌筑法主要是应用在大面积的墙面上，无规律可循，追求一种自由、飘逸之感。

上海创盟国际建筑设计有限公司的设计任务是将一栋废弃的工业老厂房改造成建筑设计

图2-46　工作室立面

图2-47　墙体细部

工作室，其外墙采用有韵律动感的砌筑法，使其焕发新的活力，从这种平实的基础材料中创造新建筑的灵魂。

建筑师抓住基地位于一个棉纺织品的场地这一特殊之处，希望创造一个有织物一般柔软质感的立面效果，因此将丝绸质感的创造定为设计的出发点，将砖块在立面以一定韵律渐变组合，使得墙体呈现出柔软、皱褶之态（图2-46）。随着观看距离与角度和阳光的不同，皱褶状态也随之改变，时而似涟漪阵阵，时而似织物飘逸。曲面墙的现代感和老旧砖石的斑驳感矛盾地撞在一起，创造了极具动感的立面效果（图2-47）。

2）规则的律动砌筑法

南亚人权文献中心，建筑位于一个繁华、热闹的城市街角，周围是喧闹的道路，所以设计的关键点：①解决来自街道的噪声和视线干扰；②避免当地烈日的直射。

针对这一问题，建筑师在临街建筑立面上设计了一面动感极强的砖墙（图2-48）。这道砖砌墙由一组旋转的方块砖组成，它们不断以一定角度旋转重复，营造出丰富的立面效果，同时解决了采光和通风的问题，还让人不禁联想到有南亚特色的百叶窗（图2-49）。设计以六块砖为一组（图2-50），以不同角度在水平方向和垂直方向上相互重叠搭接，旋转的砖块创造了极具韵律动感的立面效果。

2.4.5　具有肌理感的拼贴砌筑法

具有肌理感的拼贴砌筑法，是把大小、肌理各不相同的面砖拼合在一起，构成某种图案或某种肌理墙面，美化建筑表皮。在宗教建筑中应用时，经常将带有宗教信仰的图案呈现在外墙中，用来传播其文化。拼贴砌筑法可以将线条、色彩和构图的美感在一幅构图中同时展示出来。

图2-48 光影效果
（资料来源：筑龙网、作者自绘）

图2-49 立面效果
（资料来源：筑龙网、作者自绘）

图2-50 构造方式
（资料来源：筑龙网、作者自绘）

（1）角度不同的拼贴

在大同博物馆的建筑设计中，建筑外表皮全部选用了同一种砖材，进而加强了建筑整体感效果（图2-51）。建筑外墙的拼贴方式与中国传统屋面挂瓦建造方法相似，经过上下、左右分别错缝搭接将石板拼贴组合（图2-52）。

墙体内部采用异形的钢结构骨架，骨架进行缓慢角度的弯曲，覆于外层的石材层层叠错，每个单位的石板以一定角度进行缓慢地旋转、移动交错，构成了一种极富运动感的向上生长的态势（图2-53）。石板之间色彩的对比、位置的错位共同诠

图2-51 大同博物馆

图2-52 石板拼贴组合

图2-53 表皮细部

图2-54 银川文化艺术中心

释了表皮的肌理感，让整个建筑显得自然而和谐。

（2）以拼贴位置不同为主

银川文化艺术中心的建筑外墙选用以灰黄色调为主的花岗石，经过加工处理后整个立面呈现出粗犷的肌理感，与宁夏地区暖黄色的戈壁滩产生呼应（图2-54）。建筑给人敦厚、沉稳、庄重之感，此外，在建筑的室外广场铺装也沿用了这种暖色调的砖，从而加强了建筑本体与周围环境的整体、和谐之感（图2-55）。

同样的几组砖块如果拼贴的位置不同，带来的立面效果也大不相同。

花岗石墙面采用了长方形和正方形两种不同规格的石板进行一系列拼贴组合：两石板的短边长度相同，而长短边的比例为1∶3（图2-56）。通过石板位置不同的变换形成不同的拼贴组合方式，营造出了多变的立面效果。石板拼贴组合的类别大致可以分为下表格中的三类（表2-9）。

图2-55　建筑立面（左）

图2-56　细部（右）

大同博物馆立面拼贴组合类型　　　　　表2-9

分类	立面	立面效果	特点
中间一块短石材			规格小的石板布置于两长石板之间，起到了纵向分割作用
中间两块短石材			两短石板拼接布置在长石板之间，缩小了石板之间的比例差异，打破了整体感
两侧较短石材			较短的石材布置于两长石板两端，使得整个墙面的整体性更强

（资料来源：作者自绘）

2.4.6　转角处砌筑方法

随着当代建筑的语言形式日趋多样，砖砌建筑的转角处理也出现了不同于传统的手法。建筑转角的设计不再是两个墙面以一定角度规矩、简单地交接在一起，而是自由、随意地放任转角处的砖块出头，突出于墙体表面，外露于空。

（1）冲出墙面的转角砌筑法

北京红砖当代美术馆的建筑转角就没有遵循传统的砌筑法，而使砖块在转角处不严丝合缝地搭接在一起（图2-57、图2-58）。具体做法是有转角的墙面采用了全顺全丁的英式砌法，保持全顺的一行砖不变，使全丁一行在末端角部的砖全都旋转45°，造成了旋转的丁砖和交接墙面保持不变的转角顺砖都做到了出头，它们的间隔相同，又创造了一种奇妙的韵律感（图2-59）。

（2）利用材料对比的墙角砌筑法

位于葡萄牙的一个小乡村内的酒店，设计致力于将新建筑融入周围环境之中，基地除了主宅之外的老旧建筑都带有一股浓郁的乡村气息（图2-60）。

建筑转角处采用形状、大小、颜色均不相同的石材拼接而成（图2-61），对比鲜明，这种转角材料的处理，使建筑变得个性鲜明，与众不同，这与建筑本身的乡村气息相契合（图2-62）。

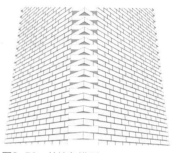

图2-57　内墙角模型
（资料来源：作者自绘）

图2-58　外墙角模型
（资料来源：作者自绘）

2.4.7　灰缝处理

砖材在砌筑过程中的关键要素之一就是砖缝，因为它会在表皮与实体材料之间形成图底关系。对于砖砌建筑表皮而言，砖块与其间的"缝"二者就是构成其美学表达的全部要素了。因此，"缝"以何种形式出现，也影响着建筑表皮的艺术表现力。

砖砌建筑的表皮特征、肌理表现主要由灰缝的色彩、大小、粗糙程度决定，传统灰缝的设计主要起辅助作用，它是建筑的配角，一般都服从于建筑整体的视觉效果要求。

（1）灰缝的颜色

大多数灰缝都是砂浆本身的灰色，当砖石材料与灰缝采用相近的色彩时，建筑表皮的整体感就大大增强了，墙面给人一种整体、统一之感（图2-63、图2-64）；当砖材与灰缝颜色

图2-59　建筑转角
（资料来源：作者自摄）

图2-60 乡村酒店

图2-61 建筑墙角

图2-62 墙角细部

图2-63 冷色调灰缝

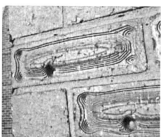

图2-64 暖色调灰缝

图2-65 对比灰缝

属于对比时，就制造了有视觉冲击力的立面效果（图2-65）。

（2）灰缝的大小

一般情况下，表皮中的灰缝在远观时是模糊不清的，墙面只将砖料的特性表现出来，灰缝只有近观时才能被人们感知。

但如果增大灰缝的宽度，夸大灰缝的视觉效果则会营造一种另类的艺术氛围，这种做法将灰缝的表现提高到与砖块一致的地位，甚至超过了砖本身而成为建筑立面的主角（图2-66）。

琼斯公司工作室设计的瑟斯顿葡萄酒庄园中，设计师就通过增大灰缝宽度的方式，使灰缝与砖的图底关系发生角色转换。砖与灰缝的质感、色彩形成鲜明对比，使墙面产生了悬浮、朦胧的艺术氛围（图2-67）。

图2-66　夸大灰缝

图2-67　瑟斯顿葡萄酒庄园

图2-68　马特卡之家

图2-69　灰缝阴影

　　T3arc事务所完成的马特卡之家，在乱石墙面中通过增大灰缝的宽度，将灰缝的大小运用到了极致。这种做法在削弱了石墙的封闭感的同时，也具有吸声音的效果，从而减少了对其他房间的影响。建筑师将灰缝进行了渐变地增大，还有竖向砌缝的尝试，都丰富了砖墙的表皮肌理效果（图2-68）。

　　（3）灰缝的阴影

　　灰缝一般可通过类似"磨砖对缝"的方法形成比较光滑平整的立面效果，但也可以通过砖块间的粘结程度形成略有高低差的墙面。另外，还可通过灵活的悬挂处理方式，丰富建筑表皮的层次感，使得立面不至于单调、无趣，进而创造丰富的阴影效果（图2-69）。

2.5　本章小结

　　砖石材料在建筑材料历史上扮演的角色不可忽视，相比其他材料而言，砖石易取材、造价低、资源广的优势不言而喻，也因此，砖石具有其他材料不具备的历史传承感与浓厚的文化韵味。砖石本是一种古老而传统的材料，在现代建筑中出现时会让人不禁联想到它的历史悠久感。

　　本章首先从砖石材料的感官属性和文化属性这两个基本属性进行分析，并结合实例对砌筑方式进行分类，探讨不同砌筑方式的艺术表现力及审美特征。砖种类的不断增加，导致形态、质感和颜色上的变化，为人们带来了不同的视觉特征体验，并通过不同砌筑法组合，创造出各种性格不同的建筑。

砖材由于其本身易组合的特点，可以组合出多种砌筑方法，每种都有着独特的艺术表现力，类别丰富的砖石材料提供了无穷的组合方式与丰富的肌理效果，充分体现了材料本身质朴、天然的美感。这些特殊的性格能够转化成具体形态，给人们不同的感官体验，这也正是建筑师在建筑设计中追求的一个重点。

本文共归纳总结了七种砖石建筑的砌筑方式及其艺术表现力，不同砌筑方式体现了建筑不同的艺术性格和审美特征（表2-10）。

砖石砌筑法及其艺术表现力总结 表2-10

	砌筑方法	示例			艺术表现力
1	传统砌筑法				源于传统方法，规则且多样，墙面形式多规矩整齐
2	具有凹凸立体感的砌筑法	规则凹凸砌筑 	创造几何图形 	角度凹凸砌筑 	丰富的光影效果，增强了砖建筑的表现力，建筑表皮生动活泼
3	具有轻盈通透感的透空砌法	规则透空砌筑 	异型砖透空砌筑 		室内有丰富的光影效果，打破原有墙体封闭沉闷之感，使之变得轻盈、通透
4	具有韵律动感的砌筑方法	规则律动砌筑 	规则的律动砌筑 		拥有动态的流线趋势，不再拘泥于方体设计，使建筑律动起来

续表

	砌筑方法	示例			艺术表现力
5	具有肌理感的拼贴砌筑法	角度不同的拼贴		拼贴位置的不同	不同的拼贴手法表达不同的建筑性格，丰富建筑立面
6	转角处砌筑方法	出墙面的转角砌筑法		利用建筑转角材料对比	冲出转角，外露于空，形成丰富的外部效果，体现建筑性格，形成丰富的光影效果
7	灰缝处理	灰缝颜色	灰缝大小	灰缝阴影	夸大灰缝可以产生独特的立面效果

（资料来源：作者自绘）

第3章 木 材

"木材是美丽的，人类喜欢木材在手中的感觉，这种感觉使他的触觉和视觉形成共鸣。"

——赖特

木材本身源于自然，因为它本身就是具有生命的个体，所以也是常见材料中最具有人情味的一种。木材由生命孕育而成，人们总是忍不住去靠近它、触碰它。与此同时，木材也带给人温暖、亲切的感觉。木材具有天然的纹理和丰富的色泽，尤其是锯切或刨开等加工手段以后，这种纹理会因为涂料的处理而带着光泽显现出来，它自然流畅、变化多样、温润悦目。

3.1 木材的感官属性

对于木材色调与人的心理之间、其纹理与人的生理之间关系的研究已经很深入了。东京大学的信田聪提到："木材表面所呈现的波谱性状给人以自然、舒适的感觉，木造住宅与人体的心理、生理特性、舒适性等健康指标有密切关系。"另外还有调查表明，长期居住在木构建筑中，居住者的寿命会有所延长，相比住在钢筋混凝土建造的住宅中，前者的平均寿命要高约一岁。

3.1.1 肌理

木材纹理相对柔和，与造型相互和谐、统一。木材的纹理像人的面容一样没有完全一样的，它们各不相同，有直线状的、波浪状和星点状等，这些都是木纹理独有的特点。

树木生长时会有年轮，随着时间的变化，纹理也跟着生长，加工成板材后，会因为切割的角度不同，产生各种截面曲线：有布满历史感的年轮线、有优美闭合的曲线或像连绵层叠的山峦。各种抽象的图案数不胜数，建筑师需要经过仔细斟酌筛选，来选择不同纹理的饰面塑造不同的艺术氛围（图3-1）。

3.1.2 色彩

由于天然木材表面的纹理无规律可循，它的色彩基调以不同梯度层次的暖色为主，给人以温暖、亲切、自然之感，所以木材是被誉为最具有人情味的材料之一。木材的色调总体上是十分低调、温和内敛的，通常没有十分强烈、鲜明和抢眼的纯色。而且由于木材天然的纹

图3-1　木材的纹理

理，总体呈现出一种温和的明度、纯度和色相。而由于木材表面的粗糙程度不同，造成其对
光的吸收和反射作用也不同，一般来说，稍硬的木材比软材更有光泽感（表3-1）。

木材的明度与色相			表3-1
类型		案例	感官
明度纯度	高明度		明亮简洁
	中明度中纯度		亲切自然
	低明度低纯度		深沉沉重
色相	米色系		内敛温和
	棕色系		庄重复古
	灰色系		原始肃穆

（资料来源：网络收集、作者自绘）

由于木材需要防腐防潮的后期处理，一般都会人工地覆上油漆面涂层作为保护，所以造成了其颜色更加丰富多样的结果。油漆工艺可以让木材表面或光亮照人，或哑光低调。

3.1.3 质感

木材是所有材料中给人最温暖质感之一的材料，也是最有人情味的材料。当人们在一个木构建筑中时总是忍不住亲近它，触摸它并感受它的温度和质感。因为木材是一种质地柔软且导热性差的材料，对室内温湿度环境有自动调节的特性，也常用于寒冷地区的保温作用。

现在将砍伐的木材直接应用于建筑中的地区越来越少了，一般都会经过刨光、表面涂层等加工处理的手段，以做成需要的尺寸并能延长使用期限。加工后的木材表面一般平整光滑，通过表面漆膜的光泽和颜色体现自身的质感。

3.2 木材的文化属性

3.2.1 材料性格

木材有两大艺术特质：①天然生长而形成的花纹肌理；②柔和自然的光泽。木材的表面手感质地较软和弹性适中，易于切割和加工而且可塑性较强。木材以其天然、质朴、内敛的色泽纹理，注定了其纯朴的性格特征、适合营造舒适、亲切的艺术氛围。特别是当如此天然、亲切的木材与砖石等质感较强的自然材料相结合时，更是强化了这种质朴、自然、亲切舒适之感。

木材最具代表力的材料性格就是天然的亲和力、天然的温暖感和自然内敛的美感。

3.2.2 地域性

在漫长的历史发展中，由于自然环境、文化环境及技术掌握程度不同，各地的木构建筑有不尽相同的加工手法。例如东方的传统木建筑多追求一种轻盈的优美感，节点大多精致巧妙、变化多样；而西方的传统木建筑则以简洁大方、强调序列感以及整体感为美。

1. 基于当地自然环境

面对生态恶化以及海平面的上升，滨海区域有被海水淹没的危险。马可可漂浮学校就在这种困境中建造出来，建筑师创造了水上漂浮的形式（图3-2）。首先面临的问题就是底座平台的选用，浮力很大的空心胶桶就是很好的选材。平台上利用木杆件构成一个类似金字塔形状的框架结构，并用木板将建筑内部的空间进行分隔，底层为操场，二三层作为教室，所以居民不用再为海平面的上升而担心（图3-3）。金字塔形的结构带着一种地域特征，让人们感叹于当地的文化氛围。

事实上，水上建造的方式在马可可地区并不新鲜，由于当地自然环境条件，居民为了生存都有十分丰富的水上生活经验，而水上漂浮社区则很好地创新和发扬了这种创新并极具地域特色的建造形式。

图3-2　马可可漂浮学校

图3-3　结构构造

图3-4　芝贝欧文化中心

图3-5　节点细部

2. 基于当地民族文化

地域文化建筑不仅可以传承历史的文化，也与未来紧密相连。传统的木构建筑在历史发展中，已成为特定文化的重要载体。木构建筑具有明显的地域特征，人们以木构建筑来寻求一种文化上的归属感。

伦佐·皮亚诺设计的芝贝欧文化中心，致力于将当地卡纳克人的传统文化传播出去，建筑师为了创造一个具有浓厚卡纳克文化气息的建筑，对当地习俗进行了深入探究（图3-4）。当地有一种传统的木制棚屋建造形式，每当居民举行祭祀活动时都会在棚屋进行，所以皮亚诺将棚屋这一元素融入了建筑设计中。

棚屋结构的主要肋架是由当地特有的棕榈树苗编织而成。皮亚诺就借鉴了这种技术：用胶合层板与镀锌钢材置换棕榈树苗，形成更为坚固的桶状肋骨，而横向联系构件的灵感源自对树扇状分布的叶脉，它们以水平方式牢牢地锚固在肋骨之间，以取代民间的编织和绑结技术（图3-5）。建筑的最终形态体现的不仅是对棚屋文化的致敬，也是对当地编织艺术文化的一种传播。

3. 基于当地经济技术

安藤忠雄设计的中南岳山光明寺，就依托于当地对木建筑精巧的技术（图3-6）。建筑设计不以显示木材的粗壮、稳固为主题，而是强调一种纤细、朦胧之感（图3-7）。

建筑出挑的屋顶下方是竖向排列的椽子，分为四段逐渐向内收起，体现了日本传统木建筑的细致和精美之感（图3-8、图3-10）。而立面上的木杆件在玻璃表面之外以规则的形式排列，形成虚实相间的木格栅界面（图3-9）。木格栅由于镂空的处理具有半透明性，与玻

图3-6 南岳山光明寺

图3-7 建筑立面

图3-8 屋顶

图3-9 屋顶

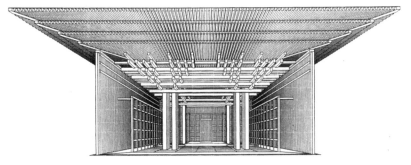

图3-10 建筑结构

璃的搭配更显简洁明快。整个建筑将传统与现代材料巧妙结合，有模仿传统的建造手法，也有现代材料的有趣加入，表现出传统与现代结合的设计理念。

3.2.3 时代性

1. 时代的变迁

木材作为一种非常古老的建筑材料已有数千年的辉煌历史。古代人们就开始砍伐树木来建造遮蔽物。人类最早兴建的建筑结构之一就是木结构建筑，有着深厚的建筑文化积淀。

工业革命期间，出现了众多新型的人工材料，如金属、玻璃、混凝土等，与此相适应的大规模工业生产也慢慢替代了传统材料而成为主要的建造方式，导致传统的木建筑在这一时期相对落寞与萧条。

直至20世纪80年代开始，生态文化与人文关怀的主题逐渐成为社会关注的重点问题，此时木结构在这方面的很多优点也逐渐显现出来，继而迎来了木建筑建设的新时期。

2. 进步与发展

当代的木构建筑与传统相比有很大的进步，这主要是因为木材加工技术的进步和材料性能大幅度提升，木建筑的形式也更加自由、丰富，所以木构建筑的适用范围也拓宽了许多，这些进步具体表现为：

1）加工技术的进步

传统木构建筑对木材本身的加工处理较少，基本限于简单的喷漆处理，这种做法只能在一定程度上发挥防腐的作用，而且效果不是十分理想。而当代木材的加工技术有了很大的进步，通过先进的加压渗透等方式可以将木材的防火防腐等性能大大提高，如现在已经大规模使用的层板胶合木，这种进步使木材的力学性能大大提高了。

2）钢节点的介入

传统木构建筑由于材料本身性质的限制，可实现的结构类型较少，主要有框架、桁架、井干等结构体系。构件间的组合方式主要是榫卯、栓钉等。而现代木结构对传统木构建筑的结构进行了优化提升，同时也积极吸取其他结构类型的长处并且加以结合。另外，金属连接构件的介入是一个很大的转折点，极大地提高了结构的力学性能，例如钢木结构现在已经在建筑中广泛使用，还有轻型木结构、木网架、木薄壳等。

3）建造适用范围更加广泛

传统木构建筑由于材料本身的限制，只能建造体量较小的建筑，如四合院和平面尺度相对较小的高塔或庙宇等，很少有成功的大跨度空间的建筑形式。而当代木构建筑能够实现多种空间的需求，不仅是在高度、跨度以及结构形式、建筑造型上都有大幅度地提升（表3-2、表3-3）。

传统木构建筑案例 表3-2

四合院正房 高度（m）：5 平面尺寸（m）：11×6		佛光寺大殿 高度（m）：16 平面尺寸（m）：34×18	
太和殿 高度（m）：27 平面尺寸（m）：64×37		应县木塔 高度（m）：67 平面尺寸（m）：30（八角形平面）	

（资料来源：网络收集、作者自绘）

当代木构建筑案例 表3-3

长野奥林匹克纪念技场 高度（m）：43 平面尺寸（m）：80×213		木塔科马体育馆 高度（m）：46 平面尺寸（m）：160（圆形）	
挪威Treet公寓 高度（m）：52 平面尺寸（m）：14×28		梅斯蓬皮杜艺术中心 高度（m）：77 平面尺寸（m）：90×90（六边形）	

（资料来源：网络收集、作者自绘）

4）建筑表现更多元化

传统木构建筑的表现力多依附于本身的结构形式，建筑造型比较单调，主要以坡屋顶为主，例如中国的四阿顶和欧洲的三角屋架等。而现代木构建筑因为木材本身的加工处理技术的进步和构造形式的革新，建筑表现上趋于自由多元化。

例如米兰世博会中强调文化融合的中国馆（图3-11），建筑流线的造型呈现出风吹麦浪的美感；梅斯蓬皮杜艺术中心的创作灵

图3-11　米兰世博中国馆

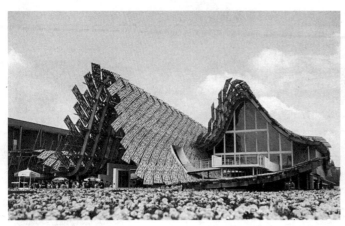

图3-12 梅斯蓬皮杜艺术中心

图3-13 芝贝欧文化中心

感则来源于中国传统草帽，屋顶造型给人飘逸自然、随性自由之感（图3-12）；还有以编织形态体现当地文化的芝贝欧文化中心，借鉴了棚屋的构造形式（图3-13）。

3.3 木材的功能属性

3.3.1 作为主体承重结构

木材作为主体承重结构古已有之，随着现代木材加工技术的进步和材料性能大幅度提升，木结构承重的建筑跨度、高度和坚固程度都得到了很大的发展。

荷兰急救站建筑采用了以不同种木材为主的自然资源。这些木材都是可持续性的，能够反复栽植的，由此打造出了友好轻松的氛围。建筑位于市郊的林缘。"L"形布局小心勾画出了临近的现状大树。高大的山毛榉树让主员工室4米高的大窗前有了遮阴。入口的立面设计了一面斜坡绿墙（图3-14），它从地面升起，最后扭转成了屋顶的曲线，与周围的树丛与林缘交织着一起（如图3-15）。

在环保与健康方面，木材是有着诸多优点的建筑材料。设计师选择了一种压合板材进行施工（图3-16、图3-17）。木框架的幕墙，边缘与窗框也都使用了木材。屋顶的曲线造型构成了室内的主题，木桁架在整个室内都是裸露的。

3.3.2 作为建筑外表面装饰材料

木材作为建筑外表面装饰材料已经有几千年的历史，在传统木结构营造体系中具有非常成熟的做法。在传统木结构中，木材通常即作为承重结构，同时也扮演着外表面装饰的角色。当代的木材作为建筑外表面装饰，主要利用其天然质朴的形态特点来表现建筑生态、与自然和谐的特色以及温和亲切的气质。

图3-14　入口立面斜坡

图3-15　建筑屋顶曲线

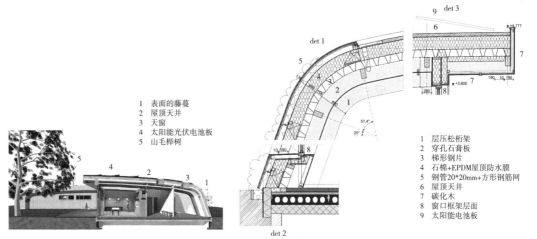

1　表面的藤蔓
2　屋顶天井
3　天窗
4　太阳能光伏电池板
5　山毛榉树

图3-16　压合板材节点大样

1　层压松桁架
2　穿孔石膏板
3　梯形钢片
4　石棉+EPDM屋顶防水膜
5　钢管20*20mm+方形钢筋网
6　屋顶天井
7　碳化木
8　窗口框架层面
9　太阳能电池板

1. 篱苑书屋

"篱苑书屋"的设计构思旨在与自然相配合，让人造的物质环境将大自然清散的景气凝聚成一个有灵性的气场，营造人与自然和谐共处、天人合一的情境（图3-18）。

图3-17　压合板材剖面

书院用钢质木质搭建，四周镶上玻璃，形成一个大的玻璃罩，但是因为柴禾棍的装点而变得别致独特（图3-19）。用了4.5万根的柴禾棍，布置在玻璃幕墙后而形成篱笆（图3-20）。书屋因错落有致的柴禾棍点缀，而变得平易近人。不仅与自然风景相得益彰，还别有味道地营造出浓浓的书卷气。

图3-18　建筑与自然结合

图3-19　书院内部透视

图3-20　建筑立面细部

2. 美国人口普查局总部

这座弧形办公大楼设计了两层围合立面（图3-21）。面朝树林的立面表面由层压木百叶构建所覆盖，创造出具有阴影的斑纹图案，同时也将温暖的自然光引入办公室内部，使人联想到密林深处（图3-22）。朝向场地外部的立面覆有16000个航海级鳍状橡木薄板，其大小和间距与人的尺度相匹配，远观像一个巨大的百叶窗，居住者既可以欣赏到室外的美景，同时也能免受阳光的照射（图3-23）。绿色镀锌预制窗下墙与带状玻璃视窗位于鳍状木薄板之下，与周边树林的色调相呼应。同样地，藤蔓爬满了停车场周边的铁丝网，为车库遮上了一

图3-21　美国人口普查局总部

图3-22　局部透视

图3-23　局部透视

图3-24　建筑立面细部

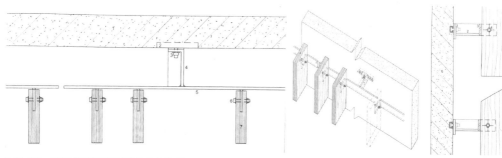

图3-25　百叶状纹路玻璃幕墙细部构造

层生气勃勃的面纱（图3-24）。

　　总部大楼向内的立面摒弃了遮阳装置。整个立面由饰有百叶状纹路的玻璃幕墙构成（图3-25），并策略性地间隔设置了凸出或凹进的大窗户。这些大窗户镶以巴西重蚁木窗框，对应了工作区辅助空间之所在，如休息室、茶水间和会议区。尽管窄条形的体量本身已然很适于采光，通过这些大窗户所获得的日光和庭院视野则更佳。

3.4 构成方式及其艺术表现力

文中的构成强调用"木杆件""木板材"和"木块材"建造的表皮系统或者结构的肌理形态。通过对构成元素的划分，可以将木质配件划分为"线形态""面形态"和"块形态"肌理特征的三种常见类别。

3.4.1 以"线形态"为特征的结构体系

主要指由木杆件为主构成的建筑立面表皮或者结构设计。

1．表皮构造——排线、点线、交叉

文中的表皮构成强调用"木杆件"构成的立面形式，可以归纳为排线、点线、交叉三种。

1）杆件阵列的"排线"形态

这种方式是指木杆件通过一定的设计需要规律排列，形成虚实相间的丰富立面效果，呈现出一种如素描中"排线"的肌理画面（图3-26）。其中杆件排列的疏密程度，可以直接改变建筑的通透度，这种构造方式在建筑的外表面上的应用较多，用于遮阳功用或者直接围合建筑的灰空间。

位于纽约州的禅修中心的设计主题是将建筑融入该区域的乡村氛围中，所以选用了自然材料（图3-27）。建筑为木框架结构，主体外围布置了一圈室外廊道空间，廊柱及外墙上都选用了木格栅装饰，木格栅的半透性创造了一种极具朦胧梦幻感的立面效果。竖直方向紧密排列的木格栅条形成上文提到的竖向肌理。当阳光穿过木格栅的缝隙然后洒落在内廊的墙壁上时，会留下一排规整且斑驳的光影。

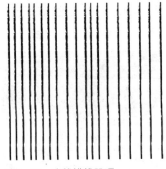

图3-26　直线排线肌理

篱苑书屋的设计构思旨在与自然相配合，书院用钢质、木质搭建，然后四周镶上玻璃，形成一个大的玻璃罩，但是柴禾棍的使用使得建筑立面显得别致而独特（图3-28）。这种乡土气息的柴禾棍，放置于玻璃幕墙后而形成篱笆。书屋因错落有致的柴禾棍点缀，而变得平易近人。不仅与自然风景相得益彰，还别有味道地营造出浓浓的书卷气。

除了直线形的排线肌理以外，曲线也是非常常见的一种手法（图3-29）。美国人口普查局总部办公大楼设计了两层围合立面（图3-30）。面朝树林的立面表面由层压木百叶构建所覆盖，创造出具有阴影的斑纹图案，曲线型的橡木薄板，大小和间距与人的尺度相匹配，远观像一个巨大的百叶窗，像为遮上了一层生气勃勃的面纱（图3-31）。这种连续的曲线排线比纯直线排线更加使建筑显得动感。

图3-27　禅修中心

图3-28　篱苑书屋

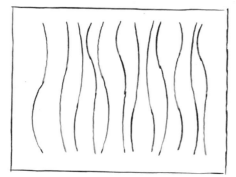

图3-29　曲线排线肌理·
（资料来源：作者自绘、arch daily网）

图3-30　办公大楼
（资料来源：作者自绘、arch daily网）

图3-31　立面细部
（资料来源：作者自绘、arch daily网）

2）杆件垒叠的"点线"形态

另一种方式是木杆件在垂直方向上的垒叠，这样会形成一层"点"、一层"线"相互间隔的肌理形式（图3-32）。两种元素通过间隔布置的新形式，带来了新颖的立面效果，融入了"线和点"两种形态要素的界面，形式更加丰富。

汉诺威博览会上的瑞士馆展厅就采用了这种形式，纵横交叠的木条经过巧妙的搭接构成了建筑外部的维护界面，同时也是内部的分隔界面（图3-33）。纵向的木条之间横向插入了

图3-32　点线肌理
（资料来源：作者自绘、arch daily网）

图3-33　汉诺威瑞士馆展
（资料来源：作者自绘、arch daily网）

图3-34　立面细部
（资料来源：作者自绘、arch daily网）

图3-32

图3-33

图3-34

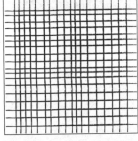

图3-35　垂直交叉排线肌理
（资料来源：作者自绘、《建筑时装定制——木材》）

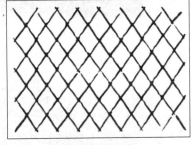

图3-36　倾斜交叉排线肌理
（资料来源：作者自绘、《建筑时装定制——木材》）

图3-37　南曼兰花园别墅
（资料来源：作者自绘、《建筑时装定制——木材》）

横向的小型落叶松木条（图3-34），在起到通风作用的同时，也形成疏密有间的趣味肌理。

3）杆件相交的"交叉"形态

交叉形态是指木杆件在垂直或者任意角度方向上相交，形成的"网格线"肌理形态（图3-35、图3-36）。因为杆件交错搭接的方向和角度各不相同，所以形成的网格不一定是矩形或者四边形，很可能是多边形。当前建筑实例中交错形成的四边形几何图案比较多，建筑形态通常给人简洁、雅致之感。

瑞典南曼兰有一座用木杆件装饰的花园别墅，建筑用一层木格栅包裹，木格栅由细长的木条通过一定角度的旋转搭接垒叠构成，立面肌理是菱形的几何图形，使得建筑立面变得朦胧（图3-37）。交错的木杆件一直延伸到建筑的最下端，这就给了别墅一层种植的藤蔓攀爬的地方，杆件引导着植物沿着网格向上攀爬生长，为建筑立面又增添了一抹绿色、自然的情调。

2. 结构构造——杆件结构体系

这里分析的杆件结构体系是针对作为建筑中的承重作用，结构以一定数量的杆件通过特定的连接方式形成一个结构或者空间。本节选取了比较有代表性的梁柱结构、木拱和网架结构三种结构体系。

1）梁柱框架结构

这是一种非常传统、普遍的木结构形式，梁与柱子的配合十分经典默契，构件之间的受力情况简单明晰。运用这种建构体系的建筑通常给人严整、简洁之感。中国古代最常见的就是梁柱结构，但是前人的研究论述已经很深入，所以本文不再作过多赘述，而是分析一些由传统框架结构发展而来的新颖结构。

隈研吾参与设计的神秘食盒（图3-38），建筑采用的是经典的梁柱结构（图3-39），在建筑内部可以清晰地看到梁与柱子交接的节点细节（图3-40）。

图3-38　神秘食盒
（资料来源：灵感日报）

图3-39　节点构造
（资料来源：灵感日报）

图3-40　内部空间
（资料来源：灵感日报）

图3-41　细部节点
（资料来源：《建筑设计师材料语言：木材》、作者自绘）

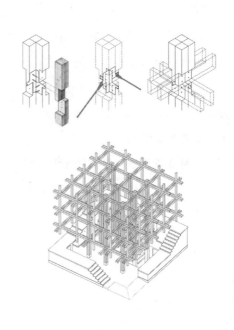

图3-42　建筑构造
（资料来源：《建筑设计师材料语言：木材》、作者自绘）

建筑的结构采用最简单的梁柱搭接，双梁与柱子二者通过简洁的榫卯形式搭接后再用螺栓进行固定（图3-41、图3-42），这种结构形式具有很强的现代感，它的连接十分简洁，没有任何多余复杂的构件作为装饰（图3-43）。

普通的梁柱结构体系经过转化，可以形成新的框架结构类型。比如"林建筑"就在普通梁柱结构的基础上，引入森林中相互连接的树木枝干这一元素，形成一种富有森林意象的新木构形式（图3-44）。建筑师想使建筑与周边的森林环境融为一体，所以选择了具有树形寓意的木结构，每个结构单元是以柱子为中心，向四面伸出四条有树木枝干寓意的悬臂梁，每个单元复制、重复组合在一起，构成独具特色的建筑结构形式（图3-45、图3-46）。

建筑的柱网如停车场一般十分规则，但建筑

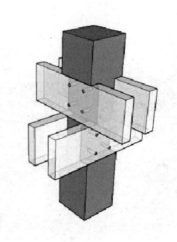

图3-43　节点模型
（资料来源：《建筑设计师材料语言：木材》、作者自绘）

图3-44 林建筑

图3-45 内部结构

图3-46 内部结构

师改变了梁原有的轴线，而加了些曲折以得
到新的形势，柱子高度的设置正如大自然
的树一样不尽相同，所以采用了三种不同高
度，这样就创造了一个起伏感很强的建筑空
间，而相继形成的屋顶也成为一个有趣、活
泼的景观。建筑的结构和墙体都是单纯的木
材构件，而且内外协调一致，因此整个建
筑无论是外部空间，还是内部空间，其结
构和墙体的构造关系都清晰地呈现给人们
（图3-47）。

图3-47 结构和墙体的构造关系

2）木拱

木拱结构是指曲线的木构件以特定的形式组成体系单元，剖面多成半圆或椭圆形。结构
单元承受的压力由构件向两端传送从而维持平衡，荷载会沿着结构单元的曲线传递到基础。

巴黎郊区的萨赛勒有一座木结构的拱形体育馆，建筑采用了平面拱结构，室内空间为
扁椭圆形（图3-48）。胶合木制成的木拱构件规则阵列，建筑室内给人一种坚实宏伟的质感
（图3-49），不同于木刚架结构单一、直线的形式，把曲线形态应用于在人们潜意识中常以
直线形状态呈现的木结构中，多了几分现代感。

3）网架结构

网架结构可建造跨度很大的空间，结构由多根杆件按一定规律的网格构架组成，这种结
构的节点连接构件类型也很丰富，它是组合形成的这种空间杆系结构的关键部件。

由伊东丰雄参与设计的大馆树海体育馆（图3-50），建筑平面呈椭圆形，半球形的穹顶
由两个方向的拱形桁架相互连接支撑（图3-51），形成一个超大跨度曲面球形空间（图3-52、
图3-53）。建筑室内空间开阔并给人牢固质感，木材的网架结构不同于钢架结构给人的严肃、

图3-48 萨赛勒体育馆

图3-49 室内空间

图3-50 大馆树海体育馆
（资料来源：中国建筑中心网）

图3-51 体育馆内部空间
（资料来源：中国建筑中心网）

图3-52 屋顶结构

图3-53 细部节点

冰冷之感，而是多了温暖、祥和之意，赋予整个体育馆一种宁静、朴实的体验氛围。

3.4.2 以"面形态"为特征的结构体系

1. 表皮构造——覆面、拼贴、弯折

1）板材平铺的"覆面"形态

这种手法是指由大小均匀、材质统一或有一定相似规律性的木板，覆盖在建筑的围护界面上。它形成的界面的整体感非常强，主要体现的是木材本身的自然肌理效果。每块板材的形状不同，所以拼合而形成的缝隙也不一样。因而这种构造方式会给人一种立面被线性分隔之感。外墙饰面板的种类很丰富，设计中常应用的有条形、方形等（图3-54）。

2）板材组合的"拼贴"形态

这种方式是先对建筑界面进行区域分隔，然后再对划分形成的新区域采用不同肌理进行填充，从而创造了一种如"拼贴画"的肌理形式。如已经广泛应用的"马赛克"式拼贴肌理和"条状"肌理。若将其中一部分区域留空或者采用透明材料组合，则会给人一种木构界面错位的镂空感。

图3-54　不同木材的覆面形态

图3-55　Snuggle box

图3-56　室内空间

　　位于东京的"Snuggle box"是一个极富特色的私人住宅，建筑形体为简洁的立方体盒字，没有任何多余凹凸体块（图3-55）。建筑师的设计意图是将这个巨大的立方体盒子变为类似于万能盒或魔方的形体。设计首先将立面规则地划分为正方形的格子，然后再用横向和竖向颜色不同的木板对每个单元方格进行填充，留出一些大小不一的空白区域，最后将玻璃整合进入方格，形成丰富的立面效果，同时也制造了有趣的室内光影效果（图3-56）。

　　除了方格的拼贴手法之外，条状肌理也很常见。美国威斯康辛州有一座"Camouflage House"，中文是"伪装的房子"，"伪装"一词的由来是因为建筑立面的肌理形式和颜色都很巧妙地与周围景观融为一体（图3-57），甚至在远处难以区分。小屋的形体比较简单，采用了传统木构形式，所以出色的表皮设计成为整个建筑的亮点。立面选用了较深色的纵向木板、浅棕色系的杉木板以及鲜艳的红棕色胶合板三类元素（图3-58、图3-59），它们在立面上无序地拼贴在一起，留出窗户区域。这种看似分割很随意的形式，将立面竖向划分为若干单元，每个单元由同材质进行拼贴（图3-60），形成具有虚实对比、冷暖差异的丰富界面效果（如图3-61）。

图3-57　Camouflage House

图3-58　灵感来源
（资料来源：johnsen schmaling网）

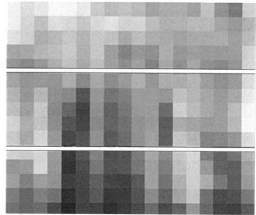

图3-59　灵感抽象化
（资料来源：johnsen schmaling网）

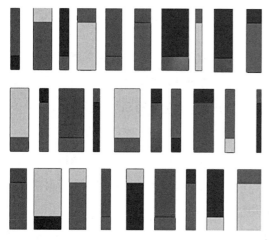

图3-60　拼贴元
（资料来源：johnsen schmaling网）

图3-61　立面细部
（资料来源：johnsen schmaling网）

图3-62　航空博物馆
（资料来源：专筑网）

图3-63　内部构造
（资料来源：专筑网）

图3-64　折板细部
（资料来源：专筑网）

3）板材交接的"弯折"形态

弯折形态是木板沿不同角度连续搭接转换，最后形成如变形波浪般的"折叠"形态。折叠两面的搭接角度不同以及前后错动距离不同，可以创造出不同节奏和韵律感的具有动势的立面效果。

新西兰奥克兰市有一座立面采用木质结构的航空博物馆，整个立面被厚实的板材竖向划分为许多隔断（图3-62），每段立面都填入通过弯折方式相接的木板，整个界面呈现出凹凸弯折的动势形态（图3-63），远看形式非常统一、整齐，但又有韵律动感美和丰富的光线变化（图3-64）。

2. 结构构造——板壳结构体系

板壳体系结构指由"面形式"的板壳为基本受力构件的木构建筑，建筑主体主要由木板通过合理的构造形式围合而成，具有一种实体性。这种结构体系的形体主要是由木板围合包裹进而形成空间，按照木板围合包裹的形式特征，可分为弯曲包裹形和折叠包裹形。

1）板片的弯曲包裹形态

弯曲围合是指木板在进行空间包裹时，以某一特定的曲面造型为基准，木板按照相应的形状和弧度进行弯曲，并且木板交接处避免将原本的曲面平滑形态破坏。因为木板材本身的材料性能，采用这种建造方式建筑多为小型建筑案例。

位于加拿大温尼伯市滑冰场的临时庇护所就应用了类似的构造形式（图3-65），整个建筑场地由六个相邻的形体分散布置，有一种相互取暖的庇护所寓意（图3-66、图3-67）。每

图3-65　临时庇护所结构

（资料来源:《建筑与都市》040专辑：木材革新+OMA香港事务所：26-31）

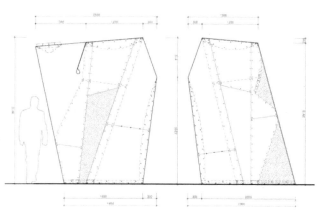

图3-66　临时庇护所立面图

（资料来源:《建筑与都市》040专辑：木材革新+OMA香港事务所：26-31）

图3-67　临时庇护所平面图

（资料来源:《建筑与都市》040专辑：木材革新+OMA香港事务所：26-31）

图3-68　临时庇护所

（资料来源:《建筑与都市》040专辑：木材革新+OMA香港事务所：26-31）

个建筑形体都是由非常薄且柔韧度很强的胶合板在经过弯曲和塑形后形成的，这种结构既强韧又能随意弯曲。内部，木质的地面和胶合板座椅为滑冰者营造了一种温暖舒适的环境，创造了独树一帜的结构形体和有趣的空间氛围（图3-68）。

2）板片的折叠包裹形态

板片折叠的包裹形态与上文提到的木板表皮的折叠构造方式有些类似，都是利用板材之间的折叠连接制造丰富的变化，不同的是折叠包裹形态的最终结果是形成一个封闭的围合空间。这种方式由于折线的形状和方向不同，可以衍生出丰富多样的建筑形态。

例如位于圣卢普的小教堂，建筑直接在地面上，与小镇的周围的自然环境巧妙地融为一体（图3-69）。如果将建筑所有的木板面展开，会惊讶地发现整个建筑表皮是一个接近矩形的整体（图3-70）。简单的形状沿着有趣的折痕进行折叠，形成立面凹凸不一的建筑，给人简洁、干净的造型效果，这种构造形式也为建筑的室内空间增加了不少韵味（图3-71）。由

图3-69　圣卢普小教堂
（资料来源：《建筑细部》第8卷第6期，2010年12月886—890）

图3-70　室内空间
（资料来源：《建筑细部》第8卷第6期，2010年12月886—890）

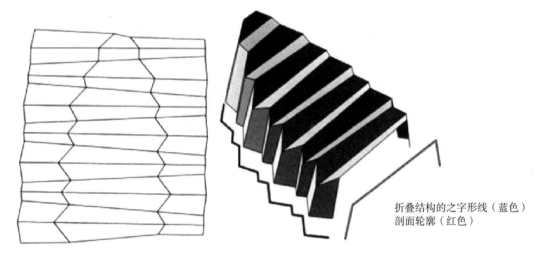

折叠结构的之字形线（蓝色）
剖面轮廓（红色）

图3-71　结构分析
（资料来源：《建筑细部》第8卷第6期，2010年12月886—890）

于木板的折叠，每个表面的皱褶部分都能反射出不同角度的光线，室内的光影效果十分丰富有趣，创造了与教堂建筑气质相契合的富有冥想氛围的建筑空间。

3.4.3　以"体形态"为特征的结构体系

1. 表皮构造——透空、凹凸

这种以"体"形式出现的块状木材与砖比较类似，都是通过堆砌的变化创造不同的立面效果。上文对于砖石材料砌筑方式已经进行了比较深入的讨论，这里不再过多论述堆砌的手法及其艺术表现力，而是针对当砌块变成木材时与普遍的砖材有何异同。

1）块材偏移的"透空"形态

透空砌筑是块材在砌筑时抽离或者错位而产生孔洞的建造方式，上文也总结了具有通透

图3-72 Space Lab
（资料来源：花瓣网）

图3-73 室内空间
（资料来源：花瓣网）

感的透空砖砌法，这里不再深入论述。

东京大学有一座用木块堆砌建成的小型"Space Lab"。木砌块的原料全部来源于边角料，与大学里废物回收利用的主题思想相契合（图3-72）。长短各不相同的木砌块通过错位堆砌构成了一个具有通透感、朦胧感的立面，这种通透感与砖石砌筑的透空建筑的不同在于木砌块多了几分亲切、温暖、自然之感。光线从孔洞里射入室内空间，形成条状的阴影图形，能带来特殊的空间氛围体验（图3-73）。

2）块材伸缩的"凹凸"的形态

简单的木块堆砌组合在一起，竖向方向不采用垂直放置，就可以形成各种具有凹凸感的立面效果或者自由变化的动态曲面。这种砌筑方式也是砖建筑中经常应用的，上文也对具有凹凸立体感的砖砌方式进行了探讨。

Flake House的局部表皮构成手法有些类似，它是一个可随意移动的小木屋，由两个实体构成（图3-74）。建筑内部为光滑的木板墙，外部为直接砍伐而来，还留有树皮的原始圆木进行堆砌包裹。两个建筑实体之间的相对立面就采用了凹凸的处理手法，长短不一的圆木断面堆砌在一起，创造了非常有趣的由圆柱体组成的凹凸不平的表皮（图3-75）。圆木断面的年轮直接裸露在外，使得整个小木屋更有原始、古老的气息。

2. 结构构造——堆砌结构体系

表皮的堆砌方式可以变为结构的堆砌体系，不同于砖石砌筑，木块堆砌结构的构件之间一般是通过起固定作用的钢构件进行连接，或者在两块相接触的表面涂抹粘接材料。木块的堆砌结构还具有临时性，可以快速的组装或拆解。由于这种纯靠堆砌的结构方式并不能将木材的真实特性表现出来，而且相当浪费材料，所以并不适用于大规模的建筑。

但这种不符合木材受力特性的建造方式却能创造出令人眼前一亮的新颖造型。如图藤

图3-74　Flake House
（资料来源：arch daily网）

图3-75　局部立面构造
（资料来源：arch daily网）

图3-76　终极木屋
（资料来源：在库言库网）

图3-77　内部空间
（资料来源：在库言库网）

本壮介设计的"终极木屋"，是一个立面十分平整但内部空间复杂多变的建筑小品（图3-76）。木块一层层堆砌，形成丰富多变的立体空间。围合的空间内，没有将地板、墙体、屋顶甚至采光窗户的位置明确显现出来，木块材的截面尺寸是350厘米×350厘米（图3-77），是根据人活动的空间模式要求进行堆砌的，所以可以根据所处位置的不同进而形成不同的体验感（图3-78）。

图3-78　人体尺度
（资料来源：在库言库网）

3.4.4 节点构造

木构建筑的节点是造型设计的重要组成部分，越来越多的建筑案例通过将节点的构造暴露在外来充分展示结构和构造之间的连接魅力，节点的设计逐渐成为一种审美追求。所以节点在担负着承重责任的同时，也要保证自身造型的艺术表现力，要求节点既保持对受力的尊重，也要追求它的造型美感。

1．井干

井干式的节点搭接方式拥有悠久的历史，多用圆木或矩形木条一层一层垒叠，在转角端部进行交叉咬合，进而形成房屋的四壁，这是一种不用柱子和梁支撑的房屋结构（图3-79~图3-81）。

这种木材的搭接方式直率、粗犷、原始，给人自然野趣的感觉，井干式围墙特点之一就是裸露的木本色（图3-82）。因为木条直接取自自然，它的质感同经过加工构成的木墙面是完全不同的。整个房间的木材都毫不隐藏地尽情展示着清纯的木本色，甚至可以清晰地看到木材的纹理特征。

虽然在城市中已经不多见，但在一些地区仍然受到人们的欢迎。例如新疆古老的禾木村庄，是图瓦人的集中生活居住地，禾木村的房子全是原木搭成的，充满了原始的味道（图3-83）。村庄内一座座透露着古老、质朴气息的房屋有秩序地排列，圆木式的围墙为村落的主要基调（图3-84、图3-85），在建筑外围就可以清晰地看到房子是如何修建以及怎样组成的。

禾木村所在地区植被丰富，而土壤多为沙土，所以无法烧砖作为建筑材料。新疆地区昼夜温差较大，因此保温成了房屋设计中最重要的问题之一。原木围墙均以井干形式搭接，中间填充泥土或者稻草不仅达到保温的目的，而且又为房屋增添了一份原始自然的色彩（图3-86、图3-87）。

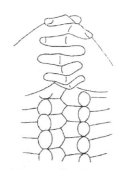

图3-79 井干结构
（资料来源：作者自绘、
百度图片）

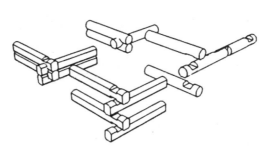

图3-80 结构构造
（资料来源：作者自绘、百度图片）

图3-81 井干节点细部
（资料来源：作者自绘、百度图片）

图3-82　禾木村木屋
（资料来源：作者自摄）

图3-83　禾木村概况
（资料来源：作者自摄）

图3-84　圆木节点
（资料来源：作者自摄）

图3-85　圆木节点
（资料来源：作者自摄）

图3-86　泥土填充
（资料来源：作者自摄）

图3-87　稻草填充
（资料来源：作者自摄）

2. 编织

编织的手法对人们并不陌生，生活的日用品如筐或围栏等都是编织而成（图3-88、图3-89），这种细小的木料有很强的韧性，所以这种方式也能应用于建筑建造。木料虽然细小，但经过互相交错编织在一起，可以形成具有一定强度的结构体。例如东亚地区竹子的编织历史，因为当地竹子分布广泛，所以把竹子加工成各种日用品以及建筑的维护体有着悠久的历史传统（图3-90）。

另一种编织法比较特殊，利用的是木材抗弯的特性，即"虹桥结构"。虹桥结构同样也是把木料交错编织在一起，只是它能构成更大的结构，在这种结构中使用的不再是细小、纤细的木条，取而代之的是整根原木，以确保结构的稳定性，例如泰顺木拱桥（图3-91、图3-92）。

隈研吾在日本福冈设计的星巴克店就采用了升级版的编织法，它是将这一传统手法应用在当代的成功案例（图3-93）。室内墙壁布置了很多交叉组合的"木阵"，使得这家店与传统的星巴克截然不同，室内的装饰结构在沿街的立面上完全地裸露出来（图3-94），吸引来往的游客，设计采用了一套独特的斜向编织窄木条系统。

该建筑由两千根木棍构件组成，总长度达到了将近四千米。建筑师在下文提到的GC口腔科学博物馆研究中心项目上就采用了木棍编织的手法，而这次采用的是斜向编织法，以创

图3-88　编织筐

图3-89　围栏

图3-90　编织房屋

图3-91　泰顺木拱桥
（资料来源：谷德网）

图3-92　泰顺木拱桥结构
（资料来源：谷德网）

图3-93　福冈星巴克店
（资料来源：谷德网）

图3-94　室内空间
（资料来源：谷德网）

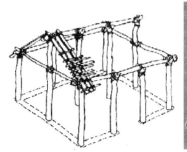

图3-95　绳木结构的不同应用
（资料来源：百度图片）

造室内的具有方向感与流动感的艺术氛围。建筑师将四根木棍分成两组，以避免过多地在一点聚集显得混乱无章。整个室内空间吸引人们进入建筑的深处，这是一个流动感极强如洞穴般的休憩空间。

3. 绳木

绳木的绑扎也是人类早期建筑中非常普遍的建造方式，例如古代简易房屋木棍交接的位置。如今在非洲、澳洲等地的建筑仍然能看到应用绳手法的案例，人们常常将柱子绑扎成脚手架来代替钢材使用（图3-95）。

绳木现代翻版的最好例子就是坂茂设计的汉诺威世界博览会日本馆建筑为了贴合世博会自然的主题，采用经回收加工的纸料作为材料（图3-96）。拱筒形的结构由木棍进行网状交叉搭接而成。弧曲屋面与墙身的材料也选用了织物和纸膜（图3-97），这种纸筒的构造形式创意直接来自于竹子的坚固、可靠的筒形生理结构（图3-98）。

绑扎的另一个益处就是再利用的特性，当展览会结束后，建筑的拆卸很方便，而且所有的构件在拆卸后都是完整的，所以可以重复利用。同时材料和结构的特点也与世博会主题高度契合。

图3-96　汉诺威世博会日本馆
（资料来源：《建筑设计师材料语言：木材》）

图3-97　内部空间
（资料来源：《建筑设计师材料语言：木材》）

图3-98　节点构造
（资料来源：《建筑设计师材料语言：木材》）

4. 榫卯

榫卯是一种很古老的建造方式，也是纯木结构最完美的搭接方式。中国有几千年的榫卯历史文化，然而它并不是中国和东亚地区所特有的建造方式，不同形式的榫卯在其他地区也有很大的市场，而且都有着自己地域的特色。

欧洲就是一个有着木构房屋的建造传统的地区，当地人在建造房屋时也会使用榫卯结构。但欧洲的榫卯和中国的榫卯有着截然不同的艺术表现力（表3-4）。

中国与欧洲榫卯结构的比较 表3-4

	中国	欧洲
节点造型	追求节点的整齐完整，掩藏其搭接关系，确保外部造型的完美与精致于一体	不掩饰木料互相搭接的构造关系，将其暴露在外，所以外观看来更加原始和质朴
构造形式	局限于垂直正交的搭接关系，形式比较单一	除正交形式外，发展出一系列斜向相交的多样形式
材料选择	排斥使用其他材料去辅助节点搭接，必要时匠人们宁可使用木也不选用金属钉	金属的钢节点被大量引入，被广泛用于榫卯的辅助搭接

（资料来源：作者自绘）

　　日本爱知县的GC口腔科学博物馆的设计灵感就源于日本传统的玩具"刺果"，在中国被称为"鲁班锁"，这是一种不使用任何五金配件的纯木结构（图3-99）。建筑选用截面规格为6厘米×6厘米的木棍，以三维垂直的形式组成稳固而精确的组合单元，最终呈现在大家眼前的是典雅、壮观、庄重的木构三维盒子。

图3-99　GC口腔科学博物馆
（资料来源：谷德网）

图3-100　室内空间
（资料来源：谷德网）

　　建筑使用的是日本当地最为优质的桧木，整个体系才能保持精巧而不笨重。且每组单元的节点处由于不用五金配件固定，凸显了精湛的手工技艺和地方特色（图3-100）。三根木条由于不需要其他构件来进行搭接，所以每根的中间部分都要切割一部分不同形状的区域，其中有一根需要将棱角磨成圆柱状，进而很好地组成一个完整的单元（表3-5）。

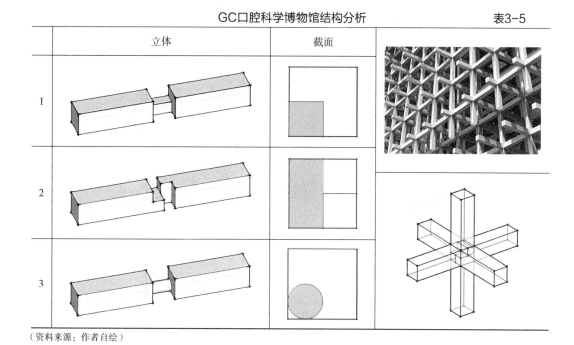

GC口腔科学博物馆结构分析 表3-5

	立体	截面	
1			
2			
3			

（资料来源：作者自绘）

5. 钢木

前文也提到过了钢木节点的介入对大型木建筑设计的重要性，与榫卯结构相比，钢节点的构件强度较高、刚性也较好，同时在复合结构中应用时，它作为连接构件，可以较好地处理与混凝土、木材、玻璃等材料的关系。

在当代的钢木结构建筑中，预制钢节点的应用非常广泛。这种节点的形式千变万化。而本节讨论的重点并不是某个具体单个钢节点的技术设计和构造方式，而着重于归纳总结在木构建筑中运用了钢木节点后，建筑的构造造型创造了哪些突破性的表现效果，在优化了结构受力性能的同时呈现了何种艺术表现力（表3-6）。

不同类型钢木节点的艺术表现力 表3-6

类型	案例	节点与结构图示		造型表现
铆钉	挪威萨莫斯岛国会中心 结构：木结构主梁铆钉连接			铆钉适合于二维方向梁柱节点的连接。 木柱梁外观简单有力显露原色，铆钉点外露形成某种粗犷的装饰风格

续表

类型	案例	节点与结构图示	造型表现
节点板	某宗教建筑 结构：木梁架结构		简单的三角木结构屋架因为有了黑色节点板连接构件，产生出艺术化的效果，色彩多样，韵律十足
空间球形节点	日本小国町民体育馆 结构：木网架		球形钢节点是空间桁架结构的典型节点方式。这里的钢节点和木的连接采用了嵌套和粘结的方法。 这种节点小巧、具有最有效的传力性，给人简洁的感觉
铰接	日本Makino博物馆 结构：红木屋顶的钢节点		这里钢节点设计采用了铰接点，使二根木梁可以随屋顶起伏变换角度。节点旁二片钢片像钳子样夹住木材以铆钉加固
钢箍拉接件	日本某建筑 结构：钢木桁架结构		很有趣的钢构造节点，看似简陋却十分有效的连接，与原木造型形成微妙的表现效果。 木钢间采用嵌套和拉接。木梁在此建筑中一改传统中承压构件的形象，成为被拉构件，成为钢木桁架的下拉杆

（资料来源：网络收集、作者自绘）

3.5 本章小结

本章首先从木材的感官属性和文化属性这两个基本属性进行分析，然后从表皮结构和承重结构两类出发，根据点、线、面、体的构成要素分类，对木材的艺术表现力及审美特征进行总结分析。

木材温暖的色彩、细腻的质感、丰富的纹理图案以及特有的气味均是建筑设计中的语言符号和表现工具。当设计中需要将建筑与周边自然环境相紧密结合时，建筑师就会选取大面积的木材来设计立面。利用其自然、温馨、质朴的性格创造内外贯通的、协调一致的城市空间环境。它质朴的性格正是木材美妙的艺术特征。因此，在使用木材时，就应时刻力争将这种天然丽质显现出来，而不是去隐藏它。

1．"线形态"构成

1）表皮构成

本文共总结归纳了以"线形态"为构成元素形成的排线形态、点线形态、交叉形态三种类型的建筑表皮构成及其艺术表现力（表3-7）。

不同线形态的构成及其艺术表现力　　　　　　　　　　表3-7

类型	案例	元素提取	艺术表现力
排线形态			"线"的疏密不同，可以直接调节内部空间与外界的通透度，纤细的木格栅能给人朦胧迷幻之感
点线形态			形成虚实相间的表皮形态，这样的界面融入了"线和点"两种形态要素，疏密有间的趣味肌理，形式更加丰富
交叉形态			线形杆件以一定角度交叉错接，或有序或随意，整个立面呈现出纵横肌理但又有明显的竖向发散的态势

（资料来源：网络收集、作者自绘）

2）结构构成

本文共总结归纳了以"线形态"为构成元素形成的木构、梁柱框架、网架结构三种类型的建筑结构构成及其艺术表现力（表3-8）。

不同线形态的构成及其艺术表现力　　　　　　　表3-8

类型	案例		艺术特点
木拱			曲线的木构件以特定的形式组成体系单元，截面多成半圆或椭圆形。不同于木刚架结构单一、直线的形式，多了几分现代感
梁柱框架结构			传统、普遍的木结构形式，梁与柱子配合得十分经典默契，构件之间的受力情况简单明晰。通常给人严整、简洁之感
网架结构			建筑室内空间开阔并给人牢固质感，木材的网架结构不同于钢架结构给人的严肃、冰冷之感，而是多了温暖、祥和之意

（资料来源：网络收集、作者自绘）

2．"面形态"构成

1）皮构成

本文共总结归纳了以"面形态"为构成元素形成的覆面、拼贴、折叠三种类型及其艺术表现力（表3-9）。

不同面形态的构成及其艺术表现力　　　　　　　表3-9

类型	案例		艺术特点
覆面			界面的整体感非常强，主要体现的是木材本身的自然肌理效果。每块板材的形状不同，所以拼合而形成的缝隙也不一样
拼贴			对建筑界面进行区域分隔，然后再对划分形成的新区域采用不同肌理进行填充，从而创造了一种如"拼贴画"的肌理形式

续表

类型	案例		艺术特点
折叠			木板沿不同角度连续搭接转换，形成如变形波浪般的"折叠"形态。可以创造出不同节奏和韵律感的具有动势的立面效果

（资料来源：网络收集、作者自绘）

　　2）结构构成

　　本文共总结归纳了以"面形态"为构成元素形成的弯曲包裹形态和折叠包裹形态两种类型及其艺术表现力（表3-10）。

不同面形态的构成及其艺术表现力　　　　　　　　　　表3-10

类型	案例		艺术特点
弯曲包裹形态			木板在进行空间包裹时，按照相应的形状和弧度进行弯曲，并且木板交接处避免将原本的曲面平滑形态破坏
折叠包裹形态			折叠包裹形态的最终结果是形成一个封闭的围合空间。这种方式由于折线的形状和方向不同，可以衍生出丰富多样的建筑形态

（资料来源：网络收集、作者自绘）

　　3."体形态"构成

　　1）表皮构成

　　本文共总结归纳了以"体形态"为构成元素形成的透空形态和凹凸形态两种表皮构成类型及其艺术表现力（表3-11）。

不同体形态的构成及其艺术表现力 表3-11

类型	案例		艺术特点
透空形态			在遵循砌筑法则的基础上，留出透空的空隙，同时又可以兼顾通风和采光的功能。形成美妙的肌理，起到良好的装饰效果
凹凸形态			简单的木块，切割后叠摞在一起，通过不同形式的排列组合，就可以形成各种凹凸的表面肌理和灵活变化的动态曲面

（资料来源：网络收集、作者自绘）

2）结构构成

表皮的堆砌方式可以变为结构的堆砌体系，具有临时性，可以快速组装或拆解。由于这种纯靠堆砌的结构方式并不能将木材的真实特性表现出来，而且相当浪费材料，所以并不适用于大规模的建筑。但是这种不符合木材"结构理性"的建造方式却能创造出令人耳目一新的建筑。

第4章　金　属

"对于我来说，金属是我们这个时代的材料，它使建筑变成了雕塑。"

——弗兰克·盖里

从建筑学的角度，不同的建筑材料表达了不同的建筑语言——石材代表厚重，木材代表自然，玻璃代表透明，金属材料则代表轻盈。

金属材料最早在建筑中的应用可以追溯到19世纪，当时是作为结构杆件应用于桥梁设计中。19世纪中叶开始，随着炼钢技术的成熟，钢材在建筑上得以大量使用。19世纪末以后，金属才逐渐应用于民用建筑。伴随着金属加工技术的发展，金属材料应用在建筑中的创作手法也日益成熟。

4.1　金属的感官属性

4.1.1　肌理

金属材料具有良好的加工性能，易于加工成不同形式的表面肌理，极大地丰富了建筑设计的造型手段。

1. 凹凸型

采用铸造、金属板材冲压等方式可以得到具有各种花纹图案的金属饰面材料，常见的有简单的点状、线形几何图案，或者较为具象的图案纹样。

荷兰鹿特丹的Kraton230，建筑师用带有橘色锈迹的铁板，通过浮雕的形式描绘出该港口及工业区历史与未来，表达了建筑与地域、人文的场所关联。使用这种材料做立面的灵感来源于下水道口的盖板，其材质能够生锈，经巧妙设计而隐藏起来的排水系统可以避免带锈的雨水顺窗而下并流到街上，当带锈的水进入排水系统以后就不会破坏环境了。不仅如此，铁板很容易被回收再利用。4000块90厘米×45厘米的生铁板均由手工制作的蜡膜铸造而成，共有8个模子，每个模子上的图案都不相同，需要按照一定的次序进行安装。用模具塑造金属时，模具的肌理也被完全复制在金属材料上，因此模具材料的选用会影响金属材料的表面肌理，需要慎重设计。

2. 穿孔板

用冲孔机械及电脑数控设备以某种规律对金属板材进行冲击，可加工出圆孔、方孔、三角形孔、六边形孔、条形孔、鱼鳞孔及拉伸异形孔等规则、不规则形状，形成半透明的特殊形态肌理，在满足通风采光需求的同时还兼顾到私密性（图4-1）。拉伸异形孔的处理将凸凹肌理和孔眼结合起来，将板材表面加工成三维的形态，侧向的开口有利于控制风向、遮蔽视线和阳光。孔眼的形状、排列的方式都可以根据建筑设计的构图需求自由发挥，其图案增添了板材的装饰性作用。

穿孔板通常有不锈钢板、铝板、铁板、低碳钢板、铜板等材质组成，穿孔板的生产工艺主要是根据使用所需的尺寸，利用专业工具对不同材质的板材进行裁剪，然后通过数控机床对板材进行专业打孔，通常孔型有圆孔，方孔，棱形孔，三角形孔，五角星孔，长圆孔等。目前穿孔板的应用非常广泛，许多建筑的外立面都会用穿孔板作为装饰，具有美观、防腐蚀、坚固耐用等优点，除此之外，穿孔板还可以在基材上增加饰面层和吸音棉做成吸音板，然后应用于歌剧院、录音棚、演播室等需要隔音的地方，而经开智汇园新媒体展示中心应用于建筑外墙，则采用了不锈钢板进行穿孔，简洁中不失时尚感。

3. 网状材料

金属网状材料按照加工方式进行分类，主要可以分为以下几类：以金属丝、线材及绞线等编织成的编织类丝网，以金属线材焊接成的焊接类丝网，以金属板为原料经过机械加工工序制成的拉伸型板网等。金属丝网具有良好的强度和柔韧性，加工装配较为简单，可以轻易地塑造建筑的曲面轮廓，维护成本较低。半透明的肌理可以过滤阳光辐射，增加建筑的轻盈感。在一定范围内它细腻的线条不会对景观形成严重遮挡。与穿孔板相似的是随着视角的变

图4-1 金属板材肌理

图4-2 纽约新当代艺术博物馆造型

图4-3 阳极氧化铝网状层

化，网状材料表面的肌理和透明度也会随之发生微妙的改变，距离越远材料表面的肌理效果越模糊，透明度也变得越低。

纽约新当代艺术博物馆位于曼哈顿下城的一个方形街区里。设计利用不同大小和高度的方盒子表达博物馆形象，成为一个不同方形的堆放场（图4-2）。建筑利用小而变化的立方体，获得动态和吸引人的形式，它与周围的建筑完全不同，却也有相似之处。为了在曼哈顿天际线中成为一个明快和干净的建筑，它的材料和外观发挥了相应的作用。建筑的外表材料使用了阳极氧化铝网状层（图4-3），对于大多数建筑师来说，该材料虽然不是新的，却是陌生的。博物馆用来作为所有垂直表面的皮肤，它反射光线，把办公室门窗和阳台栏杆模糊和隐藏在后面。建筑的白色表面优雅而轻盈，没有任何中断或其他因素：它是建筑物半透明的"衣服"。

4.1.2 色彩（表4-1）

1. 金属材料的固有色

材料的固有色，即原色，是金属材料固有的属性。不锈钢、铝合金等金属材料在建筑上应用得最多。它们的银色光泽体现出商业化（图4-4）、科技化（图4-5）的时代特征，而铜、耐候钢等材料在空气中自然氧化锈蚀所产生的暗红色也吸引了诸多建筑师的关注和兴趣。

例如在智利Atacama沙漠的文化设施中心，几个耐候钢钢板构成的单坡体块，庇护着一个迷你绿洲，使用耐候钢立面，使建筑与周边的沙漠环境相容，不仅发挥了金属材料坚固的特性，同时也并未突出金属材质的现代感，以防与周围环境格格不入（图4-6）。

图4-4　商业化气质

图4-5　科技化气质

图4-6　Atacama沙漠文化设施中心

金属在经过十年时间之后，会有一些氧化，其固有色也会随之改变。（表4-1）。

不同类型金属的新旧颜色　　　　　　　　　　　　　　　表4-1

金属类型	新时颜色	十年老化颜色
不锈钢	灰、白或黄	无变化
铝	中度灰	暗灰
锌	灰蓝	灰或深蓝
铜	红棕	灰绿
钛	中度灰	无变化

2．金属材料的装饰色

通过镀层、涂层装饰可以改变金属颜色，能满足建筑外形丰富的色彩需求，营造不同的环境氛围（图4-7），同时还能起到保护金属材料的作用。设计师在选择色彩时需要考虑建筑的性格、功能等因素。明亮的色彩让人感觉轻松、愉悦；灰暗的色彩让人感觉沉稳、凝重；对比强烈的色彩能够使建筑从环境中脱颖而出，成为视觉趣味中心，相似的色彩使得建筑与环境相融合。

盖里设计的西雅图音乐体验博物馆备受争议，对它的造型众说纷纭。这个造型如同"摔碎的吉他"，金属表皮鲜艳的色彩丰富了建筑的感染力和视觉魅力（图4-8）。红色和蓝色的瓷釉附着在铝板之上，把不锈钢加工镜面，或者进行滚珠处理使之变成金色和紫色，达到设计师预想的色彩效果。

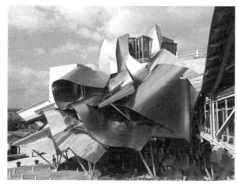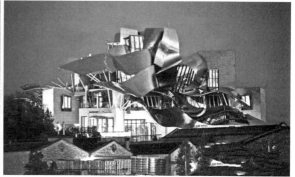

图4-7　采用装饰色的金属材料

图4-8　西雅图音乐体验博物馆

4.1.3 质感

金属的质感主要体现在金属复合面板上，复合板具有别的材料所不能及的现代感，加之其表面质感及反光度等都是可变因素，这使应用了金属复合板表皮的建筑能与环境之间产生对话，使人们对建筑的感受更加丰富。随着工业技术的发展，金属材料表皮越来越受到现代建筑师的追捧，并应用于更多的建筑之中。

1. 精细

毕尔巴鄂古根海姆博物馆使用钛合金材质，使该建筑有极强的流动性，外覆的钛合金面板为不规则的双曲面体量组合而成（图4-9），西班牙著名建筑师拉斐尔·莫尼欧对它由衷叹服道："没有任何人类建筑的杰作能像这座建筑一般如同火焰在燃烧。"钛合金在阳光不同时段的照射下，仿佛流动的金属液体，不仅使建筑富有动感，还将金属的细致感发挥得淋漓尽致。

由妹岛和世设计的2009蛇形画廊铝板展区充分展示出来金属材料与环境的完美融合（图4-10）。蛇形画廊使用了不锈钢柱、金属铝夹板组合屋顶以及浅灰色混凝土地面这些材料，双面镜面的铝板与细长的不锈钢柱彼此倒映，形成一个整体，挺立在树林之间，也使整个建筑与公园中的景致融为一体。柱子彼此之间间隔2米~3米不等，形成不规则的柱网，结构体系简单明了。而这个作为临时建筑物的连绵起伏的铝板结构，不仅表现出了金属材料的精细程度，也说明了金属材料施工简单、工期短，可回收重复利用的这一特性。使用镜面反射的铝板作为屋顶，不锈钢作为柱子，形成一个灰空间，同时又不会遮蔽公园内的景观，将树木、天空、甚至灰空间中的人一一反射出来，形成一种特别的效果。

2. 粗糙

Brix 0.1餐厅位于意大利北部山城布雷萨诺内中的丽都公园之内，它改变了这片城市中心绿地的空间品质，锈色的建筑外墙与平台上洁白的遮阳篷一刚一柔，为公园创造了独特的休闲氛围（图4-11）。这座建筑使用了粗糙修复的钢板表面，使金属的科技感较低，将其本真还原出来，使自身能完美地融入到自然环境之中。简洁而极具雕塑感的建筑如同一个平躺

图4-9 毕尔巴鄂古根海姆博物馆

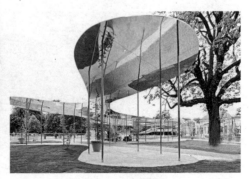

图4-10 2009蛇形画廊铝板展区

的漏斗，向着湖面开敞，将美丽的湖岸与翠绿的小树框成了一幅宁静的风景画。

Min | Day工作室设计的Nebraska剧场项目包含了一家名为Blue Barn的低矮剧院（图4-12）、一个四层的混合型建筑Boxcar 10（图4-13）和一个叫作"城市绿地"的小公园。材料面板采用了预锈钢、条钢筋和灰色金属壁板（图4-14）。设计师说："尽管这个项目是为不同的雇主设计的，但它们拥有共同语言和统一的场地策略，我们认为这些组合的建筑和风景地貌是一个具有共同目标的大项目，这个目标就是通过创新型规划达到活跃场地和连接邻近地域的目的"。

图4-11　意大利Brix 0.1餐厅

建筑师在建筑上覆盖了耐候钢面板，钢面板的表面铺了一层薄钢筋条（图4-15）。夜晚，外表面被向上的照明装置照亮，像是发出金色的光芒（图4-16）。与低洼的剧场相比，

图4-12　Blue Bam低矮剧院

图4-13　四层的混合型建筑Boxcar10

图4-14　材料面板

图4-15　耐候钢面板（左）

图4-16　立面夜景（右）

这座建筑包含了一个由三层的黑色金属包裹的稍微悬臂的盒子，其外表覆盖了耐候钢。首层有一个餐馆，上面三层每层都包括了一个阁楼式公寓。

4.2 金属的文化属性

4.2.1 材料性格

金属材料广泛流行，是因为它体现了时代的精神，满足了人们对现代感的渴求。在这个物质极大富裕的社会，设计师的想象力受到激励，一切标新立异与奇思妙想都能变成现实，而金属材料正是凭借着其卓越的物理性能、丰富的视觉效果以及精致的工业化生产加工方法成为现代建筑师的常用语言。它独特的光泽、质感和肌理使城市变得熠熠生辉。

1. 轻盈、纤细

不同于传统的砖石、混凝土建筑，使用金属材料的建筑给人以轻盈之感（图4-17）。与敦实的混凝土柱子相比，钢柱看起来更加纤细精致，而且也具有优良的承重能力。

石上纯也的KAIT工房充分的利用了钢结构的轻盈与纤细的特点。整栋建筑由305根细长钢柱支撑，每根长5米，这些钢柱采取不规则的分布排列方式，而非传统的矩阵排列方式，整个建筑没有一片实墙，全由钢柱及玻璃组成（图4-18）。KAIT工房的屋顶采用的是常见的钢框架结构，而305根柱子中有42根作为压力构件承受垂直荷载，而其他263根则作为拉力构件。这些柱子均为矩形截面，最薄的拉力构件剖面尺寸为16毫米×145毫米，最厚的压力构件为63毫米×90毫米，由于采取不规则的摆布方式，所以这些细长的柱子在每个角度的粗细看起来是不同的，增加了使用者体验空间的乐趣与丰富感受（图4-19）。KAIT工房只能使用钢结构才能达到现在我们看到的建筑效果，而砖、石、混凝土等则不然，它们均达不到钢柱的纤细。

2. 坚硬、冰冷

质地密实的金属材料通常给人坚硬、厚重的感觉，同时，人们也常常能感觉到金属的冰冷，从而疏远了人与建筑交流的距离。

图4-17　金属材料的轻盈感

图4-18　KAIT工房的室外透视

图4-19　KAIT工房室内场景

美国亚利桑那州的"社会容器"是对已有的两层建筑进行更新和扩建，采用了色彩相对简单的冷色调材料——光亮的铝材与玻璃（图4-20）。拓展的铝板上开口，引导人们进入楼梯间和旁边的主入口，隐藏在灰色玻璃下的楼梯间也是使用铝材建造的。整个建筑由于铝材的颜色充满了冰冷和坚硬的感觉，同时也建造出了金属的简洁、精美。

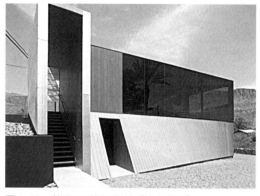

图4-20 美国亚利桑那州的"社会容器"

1）工业化与现代感

19世纪贝氏炼钢法之前，钢的制取一直是一项高成本、低效率的工作。从钢被生产出来到贝氏炼钢法之间，整整一百多年的时间，钢的应用都很少。这个在人类生活中仅存在了一个多世纪而很少在过去使用的材料，自然而然的与现代、前卫和高科技联系在一起。再者，钢材料加工精密，加工工艺伴随着计算机科技、工业技术的发展而发展，钢产品呈现出前所未有、精益求精的工业美学特质，暗示着工业化和信息化精神。

20世纪兴起的"高技派"建筑，极力宣扬机器美学和新技术美感，对结构技术有着精湛的处理技巧。钢材因为其体量轻、用量少、能够快速与灵活装配成为首选材料。如巴黎蓬皮杜艺术与文化中心，将钢骨结构以及复杂的管线外露，看上去就像一座工厂。钢材在"高技派"建筑中的应用，推动了钢材现代、前卫精神内涵的确立。

2）后工业时代的怀旧感

随着后工业时代的来临，西方发达国家的经济结构发生了巨大变化，传统的制造业开始衰败导致大片的工业废弃地产生。这时景观师担负起改造和再利用以复兴场所的重任，其中以德国的景观项目最具代表性且影响最大。一是因为德国经济的主要支柱是工业，且以重工业为主，德国的工业遗产相对丰富，实践也较多。二是德国工业废弃地项目更加成熟，涉及对工业遗产（废弃设施）的再利用、工业污染的修复、工业文化的保护，生态技术的探索等方面。著名的项目包括杜伊斯堡风景园、国际建筑展埃姆舍公园、海尔布隆市砖瓦厂公园、科特布斯露天矿区生态恢复、萨尔布吕肯市港口岛公园等。

3）简洁、冷峻的神秘气质

钢材料在未涂漆时，给人一种非常冷峻的感觉，原因大致有以下几点：

①由于材质本身的触感冰冷，钢材导热性强，在温度较低时钢材的触感比环境温度还低；

②由于钢材独有的光泽，尤其是不锈钢，冰冷的金属光泽，加之不锈钢的镜面反射原理，能够反射周围环境的变化，给人一种变幻莫测的神秘感；

③由于钢材表面质感光滑平整（除非特殊的压花工艺处理过），给人一种简洁干净的视觉感受；

④由于钢材料良好的力学性能，可以通过锻造加工成薄片，或是小尺寸的构件，让人感觉细节非常精美，犹如昂贵的手工艺术品一般。

如此的特性在钢诞生之后，逐渐成为人们感受中的一部分体验，这种体验也影响着钢材潜在的美学含义。钢材的这种美学特性在很多极简主义的作品中体现得很充分。

4）历史的沉重感

很多纪念性的遗址公园，特别是战争的纪念性公园，设计师偏向于使用铁锈红色钢板来营造一种历史的沉重氛围。比如德国柏林墙沿线公园设计。柏林墙可以说是德国历史的见证，这个曾经的东西方分裂的象征，如今成为柏林最受欢迎的旅游景点之一。

5）多样的色彩性

钢材可通过表面涂层、化学染色的表面处理方法进行色彩装饰。面处理可以使钢免受自然的侵蚀，同时也增强了漏料面质感和增加了钢材料的多样性表达。

4.2.2 地域性

建筑所处的环境中包含很多信息，如气候、地形、道路、周边建筑、地域文化等。这些信息不仅对建筑材料的选择有影响，还对材料构建连接方式的选择同样有很大影响。

1. 基于当地民族文化

银泰屋顶花园酒吧使用金属、玻璃等现代材料演绎中国传统的结构和形式，让人感受到了现代材料对传统形态的尊重（图4-21、图4-22）。该设计取意于宋式建筑，主吧和葡萄酒吧采用九脊顶，整个设计严格地遵照了《营造法式》的制式规定。由于金属与木材性能的差异性，建筑师既使用了灵活的处理手段同时又尊重材料性能。比如"简化外檐铺作细部做法""降低屋架的高度""檐口角位不再升起"等，既表明了功能转化的逻辑性同时又延续了形式的一致性（图4-23）。

2. 基于当地经济技术

金属建筑的特点是精细、轻盈，有科技感，这对于节点的质量要求很高。建造的过程是无法作为结果保留下来的，但是建筑最终也会留下建造过程的印记。金属节点可以利用本身的精密感弥补由于建筑资金短缺所带来的简陋感。

图4-21　银泰屋顶花园酒吧

图4-22 银泰屋顶花园酒吧夜景

图4-23 钢材与木材的结构表达

图4-24 小成本市场立面

斯洛文尼亚的一个小成本市场（The low cost shopping）在资金短缺，只够满足一个立面的装饰需求，通过巧妙的设计，完成了剩余立面的装饰（图4-24）。由于三个立面都有商贸、停车等重要功能，因此将仅能覆盖20%混凝土墙面的金属板挖出不同尺寸的圆片，并将这些圆片布置到剩余的墙面上，再用金属链条串联起来（图4-25）。由此立面被划分成三个部分，大大小小的圆洞和圆片使得整个建筑饰面有了联系（图4-26、图4-27）。正因为对金属面板与节点之间连接运用的得体，使整个建筑立面在节约资金的情况下仍能引发有趣的思索。

4.2.3 时代性

文化是时代的产物，不同的时代会产生不同的文化特征。在这个科技高度发达、信息交流便捷、创造性思维异常活跃的时代，文化呈现出多元性和宽泛性。金属材料是现今被看作最具有现代性的材料，具有较高的科技感及技术性，使金属材料成为现代建筑材料的标志。

金属材料最早在建筑中的应用可以追溯到19世纪，当时是作为结构杆件应用于桥梁设

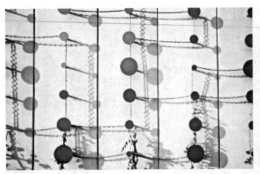

图4-25　立面细部　　　　　　　　　　图4-26　金属面板外观　图4-27　金属面板外观

计中。19世纪中叶开始，随着炼钢技术的成
熟，钢材在建筑上得以大量使用。19世纪末
以后，金属才逐渐应用于民用建筑。伴随着
材料的发展，带来的则是金属建筑创作手法
的日益成熟，由格罗皮乌斯设计的法古斯工
厂，承重结构与玻璃围护墙完全分开，成为
当时最先进的建筑设计。位于匹茨堡的美国
铝业公司大楼，采用全金属框架结构，墙面
采用金属大板，创造了金属幕墙的首例。这
些都是现代建筑运动带来的改变，使人们能

图4-28　美国铝业公司大楼

够从一个全新的角度去审视在先进科技与技术带动下的建筑艺术表现创造（图4-28）。

　　当代金属材料技术不断成熟，非线性的发展以及流体力学、生态学等对建筑领域的影响
与应用，都使建筑师们探索到了建筑发展的新方向，产生了前所未有的结构类型、建筑形
式，金属材料在当代建筑设计中得到了繁荣的发展。

　　国外发达国家在建筑中选用金属材料已经有了很多年的历史，积累了丰富的经验，同时
拥有了许多成熟的金属构加工技术以及检验标准。当代诸多著名的建筑师对金属材料在建筑
中的应用和发展都做出了杰出的贡献，如弗兰克·盖里、赫尔佐格、德梅隆以及伊东丰雄等，
他们对材料的探索体现在材料本身结构、表皮、细部上，同时体现在将材料的表现与文化、
生态、可持续理念相结合方面，使建筑材料与建筑所在的环境协调统一。

　　美国艺术家Phillip K Smith III's在南加州的海滩上完成了一件名为"四分之一英里的
反射弧"的艺术作品，这些镜面不锈钢能够反射周围的景致，并且这些柱子投下的影子
也会随着时间变化（图4-29）。细柱覆盖了抛光的不锈钢，嵌入沙滩里，垂直竖立成一条
直线。每根柱子都几乎是成年人平均身高的两倍，它们均匀排布，在城镇和海洋之间形

图4-29 四分之一英里的反射弧

成一道优美的分割线（图4-30、图4-31）。这种高反射度的不锈钢褪去了原本金属冰冷的属性，将周围温暖的景致反射出来，让原本平淡的海滩上多了一丝与众不同。史密斯使用反光表面的滑动来反映景观，包括南加州闻名的柔和光线以及壮丽的日落景观（图4-32）。

图4-30 优美的分割线　图4-31 优美的分割线

近些年来我国经济快速发展，一些著名的国际建筑师在我国设计了很多优秀的建筑设计实例，推动了我国金属建筑材料应用的发展。比如贝聿铭设计的苏州博物馆，赫尔佐格＆德梅隆设计的国家体育场鸟巢等，他们对结构的处理、细节的把握、概念的表达都为金属建筑技术的应用提供了宝贵的经验。

胡同是老北京文化的代表，然而在城市快速发展的进程中，城市的整体风貌已经发生了很大的转变，这种传统的建筑形式正在逐渐消失。当我们惋惜传统形式流失的时候，也应该注意到，目前保留胡同使用的状况，卫生条件及基础服务设施水平低下，甚至有些地方还在使用旱厕，这些都已经跟不上时代的发展了。

图4-32 反光表面的日落景观

MAD在2006年在威尼斯建筑设计节上推出了"胡同泡泡"的概念，在古老的胡同中，一些具有不同功能的金属泡泡穿插其中（图4-33）。胡同泡泡的引入使在不影响原有建筑的前提下，提供现代生活所必须的卫生设施等。没有使用胡同中的传统材料，反而采用极易识

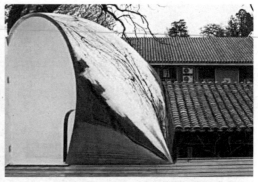

图4-34　金属泡泡在胡同一角

图4-33　金属泡泡

图4-35　金属泡泡在胡同一角

别的现代不锈钢材料，反射周围的景致，在环境中突出但不失和谐（图4-34、图4-35）。金属的材料，有机的形态与胡同中传统的形象形成鲜明的对比，这种反差也表明了建筑师处理现代和传统文化融合的态度，马岩松既没有选择保守的模仿，也避免了新旧含糊不清的尴尬，清晰地表现出了建筑之间的时代差异。

4.3　金属的功能属性

4.3.1　作为主体承重结构

金属材料在建筑中的应用虽然经历了很长时间，但是在之前很久的一段时间，我们关注的往往只有金属材料的力学性能，它们作为结构体系常常被其他材料包裹起来，从而使我们忽略了金属材料本身的光辉。随着科学技术的发展以及人类的认识与潮流的革新，金属结构（以钢结构为主）的美才慢慢被建筑师发觉，而不再仅仅作为结构工程师的宠儿被应用在建筑内部，不再被混凝土、木材等饰面材料包裹在内，将整个建筑的结构逻辑清晰地表现出来，使金属结构成为建筑艺术表现力的主体。

裸露在外的金属结构以最直观的方式对建筑的使用空间、造型等方面产生着巨大的影响，给使用者以不同于其他材料的特殊体验，或冰冷、或轻盈、或纤细，这些感受在不同的建筑中一一展现，这里笔者介绍的结构性以钢结构为主。

钢合金的特点是有较高的强度、整体刚性好、材料均质性好，属于理想弹性体，是最符合一般工程力学的基本假定的结构材料，适合建造大跨度和超高、超重型的建筑物。

4.3.2 作为建筑外表面装饰材料

金属材料在建筑上也应用于建筑表皮中，这类金属材料往往以金属复合板为主。美国建筑师弗兰克·盖里就很擅长运用金属表皮，他曾经说过："对于我来说，金属是我们这个时代的材料，它使建筑变成了雕塑。"金属材料作为建筑表面装饰，此处利用表皮与建筑结构的建构关系进行分类说明。

1. 表皮与骨架分离

Snøhetta用一个悬臂立方体并覆盖一层抛光的皱面不锈钢扩展了挪威的Lillehammer艺术博物馆和电影院（图4-36）。与两个新的电影院相同，工作室新增加的部分与1994年扩展的结构相邻。新的扩展项目提供了更多的展览空间，主要展出当地艺术家Jakob Weidemann（1923-2001）的作品。已有的Lillehammer电影院也进行了翻修。建筑师说："美术馆引人注目的金属包装反映出周围的环境，并随着光线改变其外观"（图4-37）。

图4-36　Lillehammer艺术博物馆和电影院扩建部分

索玛雅博物馆是一座总面积1.7万平方米的私人博物馆，用于轮流展示他总共6.6万件折中混杂的艺术藏品，斯利姆基金会负担博物馆所有的运营和维护成本。索玛雅博物馆总共6层，从外表看，一个不规则的几何体似乎从不同角度被几道巨浪击中，扭曲着升向45米的高度（图4-38）。整个外立面被熠熠闪光的抛光铝板覆盖，富有气势的轮廓让人想起一艘海轮的船首。建筑师求助于六边形来支撑外墙的双重曲率，建造了一个具有他所要寻找的结构和视觉参数的几何形（图4-39）。总共由1.5万块六边形铝板覆盖了整个建筑表皮，具有1000种不同尺寸，依靠电脑设计组织成蜂窝状图形（图4-40、图4-41）。

2. 表皮与骨架合一

金属表皮材料与结构杆件编织在一起时就可以组成一种独特的表皮结构系统，充分地利用了金属材料刚性与柔性并济的特点。表皮材料与杆件的编织使二者在相互约束中达到了受力的平衡，表皮的缠绕可以增强杆件的稳定性，杆件的支撑也可以增强表皮的刚度。

图4-37　Lille hammer 艺术博物馆和电影院扩建金属包装的室外效果

图4-38　索玛雅博物馆

图4-39　博物馆外立面表达

　　瑞士格兰岑美术馆加建的部分用带有锈迹的生铁编织成墙，材料建造的逻辑简明、清晰没有丝毫掩饰和装饰，真实的体现了材料表面性质和力学性能（图4-42）。编织的结构避免了生硬的空间阻隔，编织的缝隙让人自然的体会到内外联系的存在，编织的肌理也为雕塑花园提供了带有手工艺情调的背景，与质朴的雕塑相得益彰。

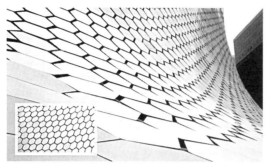
图4-40 建筑表皮细部

图4-41 室内透视

图4-42 格兰岑美术馆立面表达

4.3.3 小结（表4-2）

金属的功能属性及其艺术表现力 表4-2

功能属性	具体分类	建筑实例	艺术表现力
主体称重结构	梁柱结构		裸露在外的梁柱钢结构使建筑充满了技术感，强调了其结构系统逻辑的有序性，从而也突出了钢结构的力学特性
主体称重结构	柱		这类将结构柱暴露在外的建筑在视觉方面给人以严谨、有秩序的感觉，同时钢柱比别的材质的柱子要纤细，突出了金属柱建筑的精细感
	杆		使整个建筑坚固，高耸的杆作为结构构件，给人以高耸、坚固之感，不乏科技感与创新感

续表

功能属性	具体分类	建筑实例	艺术表现力
主体称重结构	索		利用特殊的结构得到大跨度的建筑，使内部空间自然、流动，使用金属材料将整个建筑给人以力学美感
外表面装饰材料	表皮与骨架分离		表皮材料与建筑结构分离，突出了表皮金属材料自身想突出的特性，或科技感、或技术感、或复古，使建筑外立面层次丰富
	表皮与骨架合一		表皮材料与杆件的编织使二者相互的约束中达到了受力的平衡，表皮的缠绕增强了杆件的稳定性，杆件的支撑也增强了表皮的刚度

4.4 构成方式及其艺术表现力

本章节将从"线形态"和"面形态"的形态构成角度剖析钢结构建筑的艺术表现力。

4.4.1 以"线形态"为特征的构造体系

金属材料多以线性构成为主的原因是因为金属材料易于切割和加工，它可以被加工成大尺度的线性构件应用于建筑中，将"线"进行垂直、水平、倾斜等不同方向的排列，产生不同的视觉效果。使用线构成可以突出建筑强烈的节奏感，有规律的线更能使建筑整体突出坚硬的感觉。

1. 框架结构

北京城建大厦采用了钢框架—混凝土剪力墙的钢—混凝土组合结构的形式。地下4层，地上最高部分27层，并分为主楼及裙房两部分。由于采用钢—混凝土组合结构，其结构使用了大量的高强度钢，部分钢构件被玻璃幕墙遮挡，部分构件暴露在外，使整个大楼显示出了钢结构的力学美感。不同于以往的砖石建筑，将结构体系隐藏起来，而是使用透明的表皮（玻璃），将内部的结构体系暴露在外，使整个建筑充满了技术感，强调了其结构系统逻辑的有序性，从而也突出了钢结构的力学特性（图4-43）。

2. 柱

"柱是强有力的建筑元素，因为我们无意识的认为自己与它的垂直性和承重使命有关系。"

佩克汉姆图书馆位于伦敦南部，使用了钢管混凝土柱，在下方形成一个灰空间，作为广场的延伸。它的结构和围护构建是分离的，这样既保证了建筑结构自身的严谨性，又做到了围护构建自由度的最大化。该建筑的结构充分暴露在外部，使建筑在视觉方面给人以严谨、有秩序的感觉。北立面外部围护系统采用的是铜、钢和有色网格玻璃的对比，给人以色彩的冲击（图4-44）。

图4-43　北京城建大厦

3. 杆

千年穹曾经是伦敦钢结构中，"杆"构件的代表性的建筑物，但一直被形容为一座畸形的建筑物（图4-45）。千年穹的外形和大小对建筑师工程技术和参与的公司都提出来很高的要求。大厅直径为356米，12根桅杆布置成环形，跨度为200米。穹顶高度为50米，10米高的基座支撑着100米高的钢杆。大厅的形状是球形的屋顶由带PTFE涂层的玻纤材料制成的膜结构（图4-46、图4-47）。著名财经杂志《福布斯》对建筑师进行民意调查，结果英国为庆祝千禧年而耗资7.5亿英镑兴建的千年穹，被选为"世界上最丑东西"的首位。不过，英国皇家建筑师学院却站出来维护千年穹，院长弗格森说："我不明白建筑师们如何能够望着这样的一座建筑说它丑陋，它是一个优雅的结构，同时亦是工程学上的卓越作品。"

图4-44　佩克汉姆图书馆

图4-45　千年穹

图4-46　千年穹鸟瞰　　　　　　　　　　　图4-47　膜结构细部

4．索

代代木体育馆两座馆都是采用悬链形的钢屋面悬挂在混凝土梁构成的角上（图4-48）。结构采用了悬索结构，有数根自然下垂的钢索牵引主体结构的各个部位，托起这座面积达两万多平方米的超大型建筑。丹下健三说："我之所以选择流动性结构，是因为我看到了一种潜能，这就是建筑应该与人融合在一起，这不仅仅是建筑设计上要考虑的问题，在体现运动本质，国家友谊，世界和平等方面也有重大意义。"两片新月形的混凝土靠悬索支撑，中间沿用了日本民族中的吊桥撑起整个建筑，外观曲线流畅，非常轻巧（图4-49、图4-50）。

法国蓬皮杜艺术中心就是运用线构成的钢结构建筑经典的例子（图4-51）。蓬皮杜艺术中心钢架林立，管道纵横，并且根据不同功能漆上不同的颜色，红色的是交通运输设备，蓝色的是空调设备，绿色的是给水、排水管道，黄色的是电气设施和管线。而这些钢结构梁、柱、桁架、拉杆等甚至涂上颜色的各种管线都不加遮掩地暴露在立面上。它们的线条有粗有细，节奏感极强再加之纷繁的色彩，给人以强烈的视觉冲击感。人们从大街上可以望见复杂的建筑内部设备，五彩缤纷，琳琅满目。中心大厦南北长168米，宽60米，高42米，分为6层。大厦的支架由两排间距为48米的钢管柱构成，楼板可上下移动，楼梯及所有设备完全暴露。东立面的管道和西立面的走廊均为有机玻璃圆形长罩所覆盖。金属线条的刚强、轻巧，唤起人们不同的联想与情感。

北方工业大学浩学楼立面就是钢结构的线构成（图4-52）。其南立面使用大量的横向钢线条，给整个建筑增添了一丝现代感。东侧的钢构件位于学校的主轴上，大量使用竖向线条。其作为校园北门的"入口大厅"，使整个空间更具气势，给使用者以仪式感（图4-53、图4-54）。使用线构成的钢结构构架，让浩学楼摆脱了混凝土的厚重感，平添了一丝轻盈、

图4-48　代代木体育馆

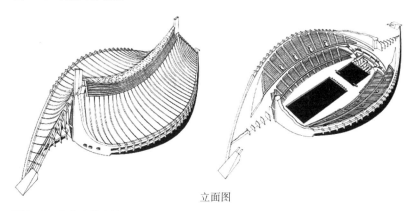

立面图

图4-49　代代木体育馆立面图

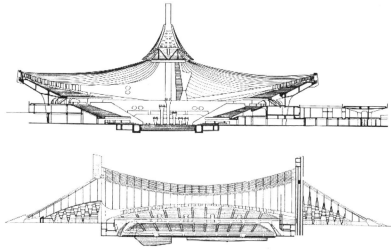

图4-50　代代木体育馆剖面图

图4-51　法国蓬皮杜艺术中心

图4-52　北方工业大学浩学楼

图4-53　校园北门钢构件透视

图4-54　校园北门钢构件透视

图4-55　主楼楼层叠落造型

坚硬之感。线构成的钢构件同时也突出了主楼层层跌落的节奏感（图4-55），流畅的韵律使整个建筑造型相互呼应、张弛有度。

4.4.2　以"面形态"为特征的构造体系

金属材料正在逐渐的大量应用于建筑表皮设计中，金属建筑表皮是指当代建筑由金属建造或者金属材料与其他材料混合应用的外立面和外表皮，表皮的定义是包裹建筑体的外层，不仅限于外装饰性的皮层，同时也包括多层次的复合表皮、功能性表皮，部分或者全部的建筑承重结构等。

1. 用于新建建筑的表皮构成

金属材料用于新建建筑的围护系统，以表皮的形式出现于建筑中已经不再是新鲜的事情了。现代发达的材料加工及工艺技术赋予金属越来越丰富多样的材料语言，加之设计的进步及各种建造技术的发展，使金属建筑表皮呈现出越来越丰富多样的外在形象。下文主要总结了不同金属材料的特点及构成效果（表4-3）：

不同金属材料的特点及构成效果　　　表4-3

材料类型		材料特点	面构成效果
不透明	金属板	不透明的金属材料具有密实封闭的表面，可以阻挡视线，形成封闭的围护；具有丰富多样的表面形式：镜面、网纹、拉丝、蚀刻、压纹等，同时还具有丰富的色彩表现力。 根据材料形式选择及设计手法的不同，可以塑造出截然不同的建筑形象：可以轻盈单薄，也可沉稳厚重；可以静谧柔美，也可欢快活泼；可严肃冷酷，也可亲切温暖。	
半透明	穿孔金属板材	穿孔金属板因材料表面镂空的孔洞而具有了透光不透视的半透明的材料特性，可以利用孔洞的形状、大小、布置方式的不同形成具有不同透明度、不同表面肌理的板材形式；还可根据设计师的需要演变成各种不同图案的艺术花纹板，具有相当丰富的材料语言。 半透明的穿孔金属板不能形成封闭的建筑围护，因而常与玻璃、墙体等共同形成具有一定空间体积感的双层表皮，使表皮具有丰富的层次进深感。	
	金属网状板材	网状金属板可分为拉伸型、编织型、焊接型三类，不同的建构方式形成多样的板网形式。这种板材比穿孔金属板孔洞率大很多，因而表现出更高的透明度。 用于表皮中的网状金属板材，其内部也是常采用玻璃等高度透光的材料形成内层表皮，内外两层共同形成具有丰富空间层次感的建筑表皮。半透明的表皮并不是硬性地隔断空间，而是以一种模糊的划分界定室内外空间，实现自然到室内的过渡。	

2. 用于旧建筑表皮改造

在注重能源节约、提倡资源合理利用的当今，许多建筑虽距其使用年限尚远、仍坚固耐久，但其外在形象却因时代的飞速发展而显得越加的破旧落后。于是，改造成为拯救这些难以融入新时代的既有建筑最为省时省工且高效的方法。城市的更新不能仅靠拆除旧建筑、建造新建筑来实现，因而对建筑表皮的改造在改变个体建筑的同时，逐渐成为影响城市立面并关联到城市风貌更新的重要技术手法。

2007年建成的丹麦的一所民办学习——表演者之家，是由一个造纸厂中的锅炉房改造而来。建筑师以圆形穿孔的未处理耐候钢板包覆在原始的砖墙外部，耐候钢以独特的沧桑质感与建筑内在的斑驳砖墙完美结合，色调一致，而不规则的打孔又以独特的肌理打破了金属建筑表皮的厚重感，带来了些许轻松快感，成功的将锅炉房打造成了一个社区交流中心（图4-56、图4-57）。

"筒仓"公寓位于哥本哈根北港的核心区域，整个港口经过重建完成了功能转型。丹麦建筑事务所COBE与业主共同完成了住宅楼的改建工作。建筑原先是一座工业建筑，用于粮食存储的"筒仓"（图4-58）。经过50年后17层高的筒仓作为住宅公寓重获新生。公寓楼中共有38个住宅单位，面积从106平方米到401平方米不等。住宅楼的顶层和底层还为住户提供了餐饮空间和活动场所。为了将原本工业建筑的混凝土立面升级到适宜居住的标准，整个"筒仓"外立面都被新的镀锌钢板材料覆盖了（图4-59）。建筑内部则维持了原本的空间结构。安装了镀锌钢板的几何形态外墙作为建筑的气候边界，这使得整个纤细高大的工业建筑形态特征得以保留（图4-60）。

COBE的创始人兼创意总监Dan Stubbergaard表示："我们希望尽可能地保留'筒仓'的精神。希望能通过简单的立面改造产生出来建筑外观给人的雄伟感受。用混凝土内饰传达粗犷原始的感受。项目旨在提供一个从内到外的转变，让其中的住户和周围城市中的居民都能够被这座建筑而吸引。因此镀锌钢板的立面保留了粗犷的海港特征，为地区带来了原始的活力。"

图4-56 圆形穿孔的未处理耐候钢板

图4-57 表演者之家外立面

图4-58 粮食存储的"筒仓"

图4-59 运用镀锌钢板材料的立面改造　　图4-60 "筒仓"公寓

4.5 金属构件的连接方式

4.5.1 构件连接的技术性与艺术性

1. 构件连接的技术性

构件连接构造的技术性主要体现在三个方面：一是功能性方面，二是材料的性质，三是实现的技术条件。

在功能性方面，连接要实现的主要功能就是传力，一个完整的结构体系由各种不同受力形式的构件组成，而不同的构件之间只有通过有效的连接才能彼此之间共同受力形成一个有机的统一整体，这是构件连接最重要也最基本的方面。

在材料的性质上，连接设计合理与否的一个重要标志是能否充分发挥材料的性能。构件材料的不同导致构件在受力方式、加工方式、建造方式等方面的不同，从而产生不同的构造形态。

从实现的技术条件看，尽管钢材是一种加工性能极佳的材料，有着丰富的连接技术手段，但其连接构造的实现，仍然会受到制作安装上建造技术条件的制约，必须遵循一定的科学规律。

2. 构件连接的艺术性

连接可以强化或弱化建筑的体量关系；可以建立或改变建筑的尺度感；可以解释或否定结构的作用；可以表达或者隐藏建造的过程。艺术性是指在节点部位如何把材料力学性能、构件之间的受力关系以及构造方式尽可能地表现出来，通过强化甚至夸张其外部形态来表达建筑创作的设计理念，通过分层剖析来建构新的美学概念。

构件连接部位所形成的几何关系传达了材料的质感、光影的变化、空间的层次等视觉感受，而一系列具有内在联系的几何形体组成起来形成构件系统的外部形态。在建筑创作中无论是表现空间形态或是界面及细部形态都离不开连接构造的处理。在中国古代的木构建筑中把结构的连接构造节点作为艺术处理的重点对象，例如斗栱。

3．技术与艺术的统一

细致到位的构造设计既是建筑功能的保障，又能增强建筑的表现力。钢结构建筑构件的连接构造既受到技术的制约，又承载着表达建筑艺术的重任，同时兼具着功能性与表现性，体现着受力的要求和审美的要求。在连接构造的技术与艺术之间到底是一种什么关系呢？简而言之，技术为艺术提供了物质条件，艺术在遵循和表达技术中丰富了语汇，一个完美的连接构造设计应该是技术与艺术的高度统一。

这种平衡、稳定、简单、直接的构造形态本身就是符合形式美的法则和艺术的要求，实现了力与美的统一。如中国古建筑上的斗栱作为梁和柱的连接节点承托着梁头和柱头起着传递荷载的作用，庞大的顶部最后缩至斗上，再支在柱上，表达了力合理的传递关系，不仅是重要的结构节点，更是中国传统木构建筑重要的艺术特征之一。

从实现条件来看，钢结构建筑构件制作安装的工厂化、机械化程度高，精确的加工，精准的安装，本身就是工业美学的一种体现，是从技术的要求出发，实现了艺术的效果。

可见，对力学、结构、材料、工艺的全面权衡，决定了构件连接的基本形态，而各种艺术手法的使用促进了对形态的理性表现，造就了形态建构和表达的各种形式。成功的钢结构建筑的构件连接设计是建筑艺术与建筑技术的统一体。

4.5.2　构造与连接方式

连接是指通过一定的技术手段将不同的构件组合到一起形成具有特定功能的整体。每种材料都需要相互连接才能形成一栋完整的建筑，随着现代工艺技术的发展，追求优质的连接节点，已经成为高品质建筑的标准之一。

金属材料的连接方式主要有铆接、焊接、螺栓连接、销钉连接（图4-61）。

1．铆钉连接

铆钉连接是将一端带有预制钉头的铆钉，插入被连接构件的钉孔中，利用铆钉或压铆机

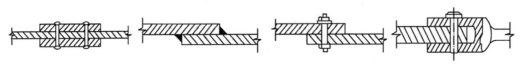

铆钉连接　　　　焊缝连接　　　　螺栓连接　　　　销钉连接

图4-61　金属材料的不同连接方式

将另一端压成封闭钉头而成,主要通过构件孔壁的承压和铆钉截面的受剪来传力。

铆钉一般由延性比较好的低碳钢制作,具有很好的塑性和韧性,连接构件之间可以有较小幅度的活动余地而不会影响结构的传力,这些特点使铆钉连接具有较好的适应变形能力和抗震能力,较多地用于经常受动力荷载作用的结构;铆钉连接属一次成型,铆头可以冷压成型也可以热压成型,施工操作比较简单方便,质量易于检查,是最早发展起来的一种钢构件连接技术,西方早期的钢结构建筑物和构筑物,基本上都是采用的铆钉连接技术;铆钉连接的铆钉端部处理成半圆头,光滑圆润,整体形式感强。

铆接同焊接相比,传力可靠,连接部位的塑性、冲击韧性较好,连接强度稳定可靠,不会出现应力松弛现象,与螺栓连接相比,结构受振动荷载作用不会出现松动,检查和排除故障容易。其主要不足是连接用钢量大、连接强度不高、容易因加工制作问题产生应力集中影响结构安全、需要现场进行热加工等,所以制约了铆钉连接这一连接方式在建筑上的应用。目前,铆钉连接技术在建筑上已经很少用于作结构性连接了,但因其外形美观,在装饰性构件连接构造上仍有使用。

采用铆钉连接技术的典型建筑是埃菲尔铁塔,铁塔高320.7米,重约7000吨,由18038个优质钢铁构件和250万个铆钉铆接而成(图4-62、图4-63)。底部有4个腿向外撑开,在地面上形成边长为100米的正方形,塔腿分别由石砌磁座支承,地下有混凝土基础。

图4-62 埃菲尔铁塔

图4-63 埃菲尔铁塔结构细部

东京空域(Airspace Tokyo)原来是一座住宅,后兼做摄影工作室(图4-64)。建筑的双层外表皮采用了铝和塑料合成的材料,其南立面表皮通过铆钉将大面积的预制铝构件铆接在一起,就像被编制在一个网状结构中,不仅没有破坏表面的整体效果,同时为表皮增加了细节。太阳光沿着金属表层折射,雨水通过毛细

图4-64 东京空域

管状的结构从外部的走道排掉，这座建筑是一个人工与自然的产物。树叶状的双层表皮随机的遮挡住了室内外的交流，采用铆接方式，使这个双层表皮简洁明了，没有明显的连接方式，让人感觉表皮是自然生长在一起的。

2. 焊缝连接

焊缝连接，简称焊接，是通过电弧产生热量使焊条和焊件局部熔化，然后再冷却凝结成焊缝，从而使焊件连接成为一体。焊接方法较多，钢结构主要采用电弧焊，因为这种方法设备简单，易于操作，且焊缝质量可靠，优点较多，是目前钢结构建筑构件连接中最常用的一种连接技术。

焊接连接具有设计简单，可以实现任意角度和方向的连接，用钢量省，加工简便，连接的密封性好，整体性好，刚度大，易于采用自动化操作等优点。所以，焊接连接技术几乎可以适用任何条件下的钢结构建筑，特别对于连接构件数量多、形式复杂及有防水要求的连接有其独特的优势。国家体育场大型钢结构构件的连接即是采用的焊缝连接的技术。

一方面，作为一种工业技术，焊接的出现，迎合了金属艺术发展对新的工艺手段的需要；而在另一方面，金属在焊接热量作用下，所产生的独特美妙的变化，也满足了金属艺术对新的艺术表现语言的需求。在今天的金属艺术创作中，焊接正在被作为一种独特的艺术表现语言而着力加以表现（图4-65）。

焊接具有设计简单，可以实现任意角度和方向的连接，用钢量省，加工简便，连接的密封性好，整体性好，刚度大，易于采用自动化操作等优点。目前焊接是钢结构中最常使用的连接技术，国家优育场——"鸟巢"的钢结构构件的连接即是采用的焊缝连接的技术。"鸟巢"是由24榀门式桁架围绕着体育场内部碗状的看台区旋转而成的，结构组件相互支撑，从而形成网格状的造型（图4-66）。各榀桁架由箱形钢构件组成，通过焊接的方式连接在一起（图4-67）。由于国家体育场独特的造型设计，各个杆件的长度及相互之间的连接角度各不相同，建筑师先通过数字模拟建模，完成节点的设计，再在工厂中制作出标准的连接构件，现

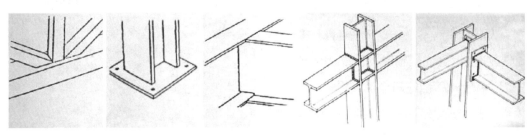

图4-65　焊缝连接的不同类型

图4-66 鸟巢外形

图4-67 焊接施工

图4-68 螺栓连接

场进行焊接，这样做既保证了复杂节点的精确制作，又简化了施工过程，从而实现了金属材料的美观、精确连接。

3. 螺栓连接

螺栓连接是螺栓与螺母、垫圈配合，利用螺纹连接，使两个或两个以上的构件连接（含固定、定位）成为一个整体（图4-68）。这种连接的特点是高效便捷、可拆卸，即若把螺母旋下，可使构件分开，并且连接件易于大规模工业化生产。在表现上不会破坏表皮构件的整体形象，使整个表皮的衔接浑然一体。

广州珠江城大厦位于广州天河区珠江大道西和金穗路交界处，高度309米，共71层，由宽度为13.126米，长度为36米的矩形钢筋混凝土结构核心筒与长度为71.2米，两端宽度为26.25米，中间宽度为30米的弧形外框筒结构组成（图4-69、图4-70）。由于是第一座将风力

图4-69 广州珠江城大厦 图4-70 广州珠江城大 图4-71 施工现场
鸟瞰　　　　　　　　　厦外观

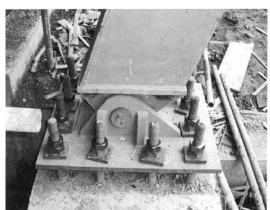

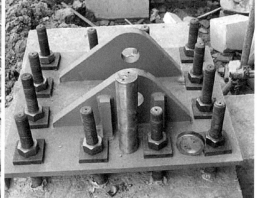

图4-72 销钉连接

发电和太阳能发电的超高层建筑，按照建筑结构受风力荷载、震动厉害等复杂受力状况设计为全部使用高强度螺栓连接的全栓结构形式，施工难度大，其螺栓孔加工量近90万只（图4-71）。被国外媒体誉为"世界最节能环保的摩天大厦"——大厦将实践建筑本身"零能耗"的环保理念。

4. 销钉连接

销钉连接是在铆钉连接和螺栓连接技术基础上发展起来的一种连接技术，同螺栓连接类似，通过销杆的受剪和接触面的受压来传力，用于铰接节点连接。当销钉周边有间隙时，销钉便起不了充分抗剪的作用，所以销钉连接要求销钉和销孔有很高的加工精度，这种加工的精度能表现机械化生产、工业化建造的工艺美（图4-72）。

上海南站设计非常独特，从外观看好似一个飞碟（图4-73），南站的底楼是火车停靠站，一楼就是候车室，二楼是进站口，被设计成环行并包围整个候车室。上海南站是国内第一个集火车、地铁、轻轨、公交等多种交通工具"零换乘"的枢纽。建筑意念取自中国传统的亭子，主体结构为钢结构。屋盖直径276米，结构外柱与顶压柱之间区域为扁圆锥曲面，外径为224米，内径为32米，相对于外柱柱头高19.187米（图4-74）。由于造型受力的关系，为了简化梁与柱的连接，采用了柱头铸钢连接节点，再通过销钉连接将梁柱连接在一起。铸钢构件通过销钉连接的柱头表现出了钢结构工艺的精致美，这种连接方式不但解决了构造的复杂性，也保证了节点系统的可转动性，获得了简洁、流畅的形式感。

图4-73　上海南站外观

图4-74　上海南站室内透视

4.6 本章小结

由于钢结构优越的力学性能，可以使优秀的创意在建筑中得以完美体现，从而钢结构相对其他材料的结构形式具备很强的竞争力与发展的潜力。作为建筑创作的物质技术手段，结构技术因素不仅直接关系到建筑的安全使用和经济效益，而且也会对建筑空间及其形式的表现力创造产生很大的影响。

首先，材料技术是钢结构建筑的基本技术要素。建筑设计中应对材料的运用仔细推敲，也可以将其作为建筑艺术创造的切入点。钢结构设计需要建立在对钢材性能的充分理解之上，包括钢材的生产、加工、制造技术以及钢材的力学性能，这对设计过程中恰当选择表现形式有着至关重要的影响。对于暴露的钢结构来说，材料的表现、构造节点与细部都赋予结构以本质的表现力。从这个意义上说，建筑师也需对现代钢结构建筑材料的生产方法与加工技术有所了解。

其次，对待技术和选用技术要有整体设计的观念。尽管谈论结构技术与建筑艺术之间的关系由来已久，但往往局限在结构体系及形式对建筑造型的影响这个范围内。结构艺术品，首先要做到力学合理，并且要表现结构系统的性能，并使其在视觉上有助于说明这种结构的性能。因此，既要采用适宜的先进技术为舒适的生活创造条件，也要避免为过度讲究技术精美的设计倾向推波助澜。此外，跨学科、多工种的通力协作是优秀的建筑作品，尤其是优秀的钢结构建筑作品产生的前提保证。

最后，现代钢结构技术的发展，在为有效地解决建筑功能与建筑经济问题奠定了坚实基础的同时，也为现代建筑形体类型的创造，提供了更大的灵活性和自由度。建筑是技术美与艺术美的协调统一，这是主流的建筑精神所在。

第5章 玻 璃

展示建筑骨架最简单的方法就是用玻璃作为建筑表面。

——密斯·凡德罗

玻璃材料在一千多年以前就已经出现了，而它成为重要的建筑材料还要追溯到20世纪的时候，随着科学技术的进步，才出现了大型均质平板玻璃，一些大胆的工程项目指明了新的"玻璃建筑"方向以后，这一转变才真正的到来。这种材料的易碎性、低隔热性、低隔音性和低耐火性是导致它发展较为缓慢的原因之一，而最关键的就是它的易碎性不适合应用于建筑。而这些缺陷如今都已经得到了改善，玻璃已经在建筑中广泛使用了。

玻璃这种材料在现代建筑中大量运用的先驱建筑师是密斯·凡德罗，他评论说"我想展示建筑的骨架，我认为最简单的方法就是用玻璃作为建筑表面"。密斯的设计完全不用装饰，而是选用光洁的平面与无框的玻璃幕板组合，来充分彰显建筑的风采。在密斯的巴塞罗那德国展馆中，设计虽然没有实现完全用玻璃建造，但玻璃板幕墙取代了窗户，这一创造在建筑概念上发生了根本性的作用。

5.1 玻璃的感官属性

玻璃作为建筑表皮材料应用时，应充分考虑其本身的特性可以为建筑整体营造的建筑氛围以及为外立面所带来的艺术效果。下文将依据光、色彩、质感三个特性与玻璃材料息息相关的艺术表现力层次，对玻璃自身特性进行了简单明了的归纳总结。

5.1.1 光

1. 通透性

透明度是与通透性息息相关的概念，可以通过一定技术来控制玻璃的透明度，来达到不同空间环境所需要的光照度，营造出不同的建筑空间氛围，使室内外环境相互融合、渗透。

视觉上的通透性是玻璃这种材料与其他材料在感触上最大的区别了。大多数建筑师选取玻璃这种材料都是首先考虑到了其通透性的特点，一方面玻璃的通透性可以满足建筑开窗透气观景的客观要求；另一方面建筑师也可以很好地利用玻璃的这种特性实现建筑室内外的融合，拉近人与自然的关系，满足使用者的心理需求（图5-1、图5-2）。

图5-1　范斯沃斯住宅

图5-2　上海苹果直营店

图5-3　德国耶拿Fritz-Lipmann学院

图5-4　前门四合院改造

2. 模糊性

这种特性也可以理解为玻璃的半透明性，玻璃的这种半透明性可以使得玻璃像披了一层薄纱一样，常见的有丝网印刷玻璃、磨砂玻璃、槽型玻璃等。将这种介于石材和透明玻璃之间的材料用于建筑内外，在很好地起到限定、围合空间作用的同时，又可以避免传统围合材料沉闷的感觉，可以很好地划分空间而又不至于太封闭。

对于使用者观赏者来说也会让建筑产生一种含蓄的美，为室内营造出柔和的光线满足使用者的心理需求，或者满足特殊的视觉要求、营造若隐若现的环境氛围，如德国耶拿Fritz-Lipmann学院（图5-3）和前门四合院的改造项目（图5-4），都体现了若隐若现的艺术美。

3. 反射性

玻璃的反射方式是镜面反射，在一定角度会形成很清晰的图像，可以很好地映射出建筑的周边景致。玻璃的这种反射方式决定了其可以很好地反射出建筑周边的景色、周边环境、其他建筑等，这种性能备受建筑师的青睐。一方面玻璃可以很好地反映出周边的环

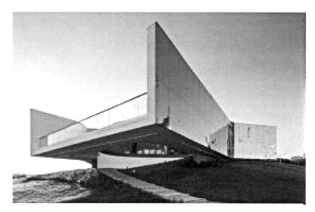

图5-5　香港九龙镜面M＋博物馆
（资料来源：谷德网）

图5-6　反射街景
（资料来源：谷德网）

境，削弱自身的独立性，达到与周边建筑和谐共生的效果；另一方面这种玻璃建筑也可以
根据季节、天气等的变化，立面也相应产生出不同的变化，使得建筑形象更加生动、活泼
（图5-5、图5-6）。

　　特殊应用（通过增加反射性来实现玻璃的特殊用途）：可以通过加大玻璃的反射度来达
到外部看不到内部而内部可以观察到外部的情况，一般是通过在玻璃外表面镀膜的方式来加
大玻璃外表面的反射度，达到外部看不到内部情况的效果，比如单反射镀膜玻璃。

5.1.2 色彩

玻璃是具有丰富多样色彩的材料之一，它具有独特的多彩性，多彩性指通过改变玻璃的颜色使建筑更加活泼、生动。

色彩是我们最直观的感受，将这种性质赋予在玻璃这种材料上也同样可以达到不同的感官效果。建筑外立面中常用到的着色玻璃变化多样、五颜六色，适用于多种类型的建筑。着色玻璃不仅色彩变化丰富，其中一些种类的玻璃也有一定功能特性，比如吸热玻璃、镀膜玻璃等。此处所指的玻璃多彩性包括三种情况（表5-1）。

玻璃的多彩性分析　　　　　　　　　　　　　　　　　　　　表5-1

多彩性	分析	案例
自身多彩性	设计师通过人为手段搭配建筑外立面玻璃本身的颜色，并对其组合体现出玻璃的多彩性。	
反射多彩性	不仅利用玻璃本身的色彩，也表现在玻璃对其周边环境中色彩的映射上，不同的环境色与玻璃的本身的色彩相互叠合可以为观赏者创造出独特的直观感受，记录下精彩的生活瞬间。	
折射多彩性	玻璃经过光线的折射后也可以把光分解成五光十色，在经过反射、投射后也可以创造出丰富的立面色泽。	

（资料来源：网络收集、作者自绘）

5.1.3 肌理与质感

不同质地与肌理的玻璃会形成明显不同的表现效果，给人以不同的心理感受。

玻璃这种材料的肌理主要是指对触觉产生影响的一些因素，比如凹凸、平滑细腻或粗糙等；质感则是代表对其材料表面对视觉所产生影响的一些因素，质感所包含的范围是大于肌理所包含的内容，除了肌理所涉及的因素外，材料表面的图案、纹路等也会对质感产生影响。质感也可以很好地区分玻璃和其他具有一定重叠属性的材料，比如经过打磨的石材、打过蜡的木材和白玻璃虽然在肌理上都具有光滑细腻的特性，但石材、木材有纹理，玻璃却没有，所以说其质感是明显不相同的。

所以对于这种材料而言，肌理的不同主要是由于生产工艺的区别而造成的，比如浮法玻璃的表面光滑平整，而延压玻璃表面则具有凹凸的肌理；质感的不同则主要依靠后期加工产生，比如对玻璃上釉、丝网印刷等（表5-2）。

玻璃的不同肌理			表5-2
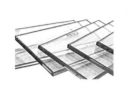			
不同肌理的玻璃			

不同质感的玻璃		不同质感的玻璃	

5.2　玻璃的文化属性

5.2.1　材料性格

相比其他较为传统的建筑材料，玻璃是一种充满可能性和惊喜的物质，其色彩丰富而不浮夸艳丽，透明亦模糊，光滑亦粗糙朴素却不失历史厚重感，既能折射光线也可以改变光线，坚硬却脆弱，冰冷却不失热情，平静却包含有力道，神秘又不失秩序性。总之，发挥玻璃天生的艺术优势与物理特性，玻璃材料会为我们的建筑起到点睛的作用，可令建筑充满生机活力。

玻璃的性格可以概括为轻盈感、精致性和现代感。

1）轻盈感——在视觉上摆脱结构的约束，为建筑增添优雅和飘逸感

相比其他建筑材料，玻璃最大的特点就是质量轻、厚度薄、表面平整光洁、整体通透等特性，基于玻璃的这种物理特性，其作为建筑外立面材料给观者以最直观的感受便是与生俱来的轻盈感，以及在视觉上摆脱结构束缚的飘逸感，当代建筑中，玻璃的这种特性备受建筑师们的青睐，轻盈通透的"玻璃盒子"也曾一度成为风靡一时的建筑趋势。

2）精致性——玻璃精确的模数会为建筑创造出更加整齐、精确的立面效果

玻璃的这种精致性主要体现于现在很普遍的玻璃幕墙建筑中，不仅体现在玻璃的工业化

模数化运用上，更体现在材料给人以纯净、简洁、理性的观感。在新时代的玻璃摩天楼中，建筑师们一般仅用钢和玻璃作为玻璃楼的外墙，充分解放围护结构，运用标准的幕墙构件或使得建筑具有像鸽子笼一样的模数构图，或使得建筑外立面像被一大块经过完美分割的玻璃笼罩着一样的精致玻璃盒子一般。大片的工业化生产出的精确尺寸的玻璃与笔挺的钢结构结合会让建筑具有强烈的现代感与模数化，看上去更加理性、纯净，讲求技术上的精美，充分体现出了玻璃作为外立面的优势。

3）现代感

当代建筑对于玻璃的应用已经非常广泛了，遍地开花的玻璃摩天大楼，各式各样的玻璃体建筑屡见不鲜，玻璃幕墙已经成为现代都市最明显的特点之一。现在无论国内外、欧美发达国家还是第三世界国家，玻璃已经成为建筑师们在设计中必不可少的材料，这也足以可以看出来，人们对于这种极具现代感的材料是伴随着时代的发展一直改良、完善的。

5.2.2 地域性

1. 基于当地自然环境

拥有透明性质的玻璃可以很好地反射、映衬周边的自然环境。玻璃对自然环境的应用可以体现在两方面：一方面是在自然环境优美的地区或城市郊区户外的情况下，可以选择透明性高的玻璃，这样可以使整个建筑与周围环境自成一体，充分融合到环境之中；另一方面是在城市中绿地的情况，可以选择透明度较低的玻璃或磨砂玻璃等，既可以很好地遮挡掉外部喧闹的城市大环境，营造出宁静祥和的室内空间氛围，也可以适当地引入外部绿色环境，保持内部空间独立性的同时也不丧失良好的景观条件（表5-3）。

玻璃的多彩性分析　　　　　　　　　　　表5-3

类别	应用范围	特点
通透程度较高	自然环境优美的地区、城市郊区户外	使建筑融入环境中，并有很好的景观视角
通透程度较低	城市中、喧闹的街道	遮挡外部喧闹的城市大环境，营造出宁静祥和的室内空间氛围

（资料来源：作者自绘）

建筑工作室Selgascano的办公空间希望建造一个选址于优美自然环境情况下的拥有良好视野和景观的办公室（图5-7），为了达到这个要求，工作室的屋顶必须尽可能是透明的。这种情况下，设计团队需要将办公桌区域隔离，以避免阳光直接照射。工作室的北

图5-7　林中小屋

图5-8　室内效果

侧是透明的，使用2厘米厚的无色有机玻璃弯板覆盖。与此同时，办公桌区位于工作室的南侧，南侧使用了自然色的11厘米厚的三层材质。这种材质像三明治一样由玻璃纤维和聚酯中间加入半透明的绝缘体组成，营造出较为封闭的空间氛围。建筑置于半地下，可以提供水平的视野。置入地下的部分主要是木模板浇筑的混凝土（地基）和地板，用以地面找平和固定螺栓。建筑的地板粉刷成两种颜色。下雨的时候，雨滴会打落在建筑上，有时轻微，有时急促，也会给建筑带来湿润的触感。形成一个与树林共生的工作室（图5-8）。

2. 基于当地民族文化

玻璃这种比较现代的材料也适应了文化全球的融合潮流，不仅仅能在欧美等率先利用这种材料的国家做到很好地融合当地的文化、民族、宗教特色，建造了鳞次栉比的现代玻璃大楼；稍晚一些在其传入东方后，玻璃也可以很好地与东方的传统民族建筑融合，甚至也可以用在东南亚、非洲等国家的传统宗教建筑中，达到意想不到的地域宗教氛围。

让·努维尔设计的阿拉伯世界文化中心仿佛是一个精密的科技产品，建筑的南立面规则地排列了着如光圈一样构造的窗格，灰蓝色的玻璃窗格之后是整齐连接的金属构件，具有强烈的图案象征和幻想效果。建筑设计的灵感源自于阿拉伯当地文化，是在对精巧、神秘的东方宗教文化的赞美（图5-9）。

建筑南立面上以金属膜来体现东方传统文化，而北立面巧妙地将塞纳河对岸的巴黎城市景观映在外墙玻璃上，成为反映西方文化的镜子，立面上的线条和各种标志则与当代艺术相呼应（图5-10、图5-11）。

图5-9　建筑立面

图5-10　立面肌理

图5-11　细部

5.3　构成方式及其艺术表现力

传统的玻璃一般情况下主要用于建筑的窗户部位或是包裹在其他实体材料之中，主要是为了解决建筑实际的采光要求，玻璃在这里的构造精度要求较低，大多只是作为表皮填充材料嵌在混凝土或钢框架之间，下文就不再赘述；随着建筑技术的发展，玻璃越来越多地作为建筑外表的围护结构材料，玻璃幕墙出现在大众视野，这不仅仅是为了采光的要求，更多地用来表现现代摩天大楼的通透轻快感，充分发挥出了玻璃的本身的艺术特性，因此下文集中介绍一下玻璃幕墙的构造方法特点。

5.3.1　玻璃幕墙实例及其表现力

玻璃幕墙的类型丰富多样，这里分析了框支式玻璃幕墙、点支式玻璃幕墙和全玻璃幕墙的艺术表现力。需要明确的是，本节讨论的重点并不是玻璃幕墙的构造，而是不同类型的幕墙表达了何种艺术美（表5-4）。

玻璃幕墙实例及其表现力　　　　　　　　　　　　　表5-4

类型		案例	艺术表现力
点支撑玻璃幕墙	钢结构式、玻璃肋式、不锈钢拉杆式、自平衡索桁架式、不锈钢拉索式、单层索幕式		其效果通透，可以使得建筑室内空间和室外环境自然融合，构件精巧，结构美观，实现了精美的金属构件与玻璃装饰艺术的完美结合

续表

类型		案例	艺术表现力
全玻璃幕墙	坐落式、吊挂式		全玻璃幕墙完全是由玻璃构成的，除了透明状的粘合剂不掺杂其他材料外，可以更好地体现出建筑的轻盈、通透之感
框支撑玻璃幕墙	明框式玻璃幕墙		明框玻璃幕墙是最传统的形式，应用最广泛，可用不同形状及颜色的外装饰条组成各种彩色图案，使建筑物变得活泼、明快、光彩照人，更显新颖、美观，别具风采
	隐框式玻璃幕墙		这种幕墙会使得建筑外立面看起来更加通透、纯粹，也可以在一定程度上削弱建筑的体量感，让高层建筑在高楼林立的区域也不会给人带来压抑之感
	半隐框式玻璃幕墙		这种玻璃幕墙的构造形式更适合用于建筑外立面的局部开窗、开洞，其也可以通过维护框的方向调整来适应建筑的立面造型，给人以沉稳、庄重之感

玻璃作为建筑表皮材料时，其表现力主要通过玻璃的透明度等自身特性以及建筑师所采取的表皮形式来实现。将玻璃材料运用作为建筑造型手段，可以从形态构成的角度加以分析。其具体的应用方式主要可分为三类：点式、面式、体式。

5.3.2 以"点形态"为特征的构成方式

点式开窗即在建筑外立面上进行局部开窗，这种开窗方式一方面是满足建筑本身所需要的采光需求，另一方面也可以通过调整局部开窗的排列与组合来呼应建筑的性格与特点。这种开窗方式赋予建筑的立面表现效果主要是由窗的形式与位置选取、窗的排列组合共同影响的。窗在立面上的构图表现在窗自身的变化与窗之间的变化。在建筑方案的构思中，我们更多地考虑是各个窗户间的关系，而不是窗户本身。点式开窗可以通过点、线的组合产生出适用于不同建筑类型的艺术效果。

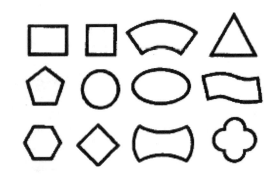

图5-12　常用点窗的形状

1．点窗的形式

点窗相对于立面面积相差很大，且点窗无方向性、稳定性，很容易形成视觉中心，因此我们可以利用点窗的这些特点通过改变其大小、形状来达到我们想要的立面效果。

点窗的基本形式有：方形、圆形、三角形以及无定形窗等几种基本的图形，并且依据这些基本图形进行切削、扭转、拼合、错位等手法获得新的形态。

1）中国园林常用到的点窗样式

中国古典园林中常常会用到单独的点窗来装饰留白的墙面，古典园林中的点窗不仅能点缀装饰空白的墙面，也可以很好地控制引导游人的视线。点窗的形式也多种多样，比如方形、菱形、扇形、圆形、多边形等（图5-12）。现代建筑中也不乏借鉴古典园林点窗手法的建筑，比如贝聿铭先生设计的苏州博物馆香山饭店（图5-13、图5-14）。

2）现代建筑中常见的点窗样式

方形窗、圆形窗、三角形窗是现代建筑中最常用的几种点窗形式。

方窗不具有强烈的方向感，是一种静态和谐的形式，其中的矩形窗因其比例形状与建筑结构框架平行而成为应用最广泛的一种开窗形式。

三角形窗以及由这三种基本的几何形状叠加、变形、组合形成的无定形窗特异性更加强烈，是一般建筑比较少见的开窗形式，但很容易引起人们注意。筑波中心大厦引人注目的三角形开窗方式，在立面上独树一帜（图5-15）。

图5-13　苏州留园

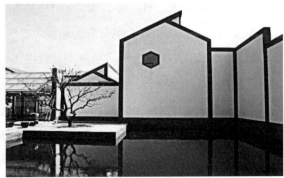

图5-14　苏州博物馆

图5-15　筑波中心大厦

图5-16　金贝儿美术馆

图5-17　喜玛拉雅中心

图5-18　中国规划设计研究院办公楼

　　圆形、椭圆或有倒角的图形相比起方形窗的和谐（图5-16），则显得比较特异，很难与其他正常比例的窗户相协调，因此一般单独使用，达到统治整个立面的构图要素的艺术效果。如喜马拉雅中心的圆形窗搭配立面的流动造型十分和谐（图5-17）。

　　2. 点窗的排列组合

　　1）规则排列

　　点式开窗规则的排列组合方式会让建筑获得整齐、和谐、均衡、稳定的气质，但过度的使用这种开窗方式也会使建筑过于呆板，在实际的建筑设计中应该尽量避免。这种规则的排列方式适用于比较严肃、庄重、正式的建筑，比如：法院、办公楼、各类政府大楼等。中国规划设计研究院办公楼的立面开窗形式就体现了办公楼庄严、规整的建筑性格（图5-18）。

2）不规则排列

点式开窗不规则的排列组合方式生动有趣、变化丰富，会让建筑更加活泼有动感，但在实际应用中也应注意控制变化程度，避免建筑立面开窗元素过于混乱。这种排列方式适用于性格比较活泼且对采光要求不甚严格的建筑类型，比如文娱类建筑（商场、酒吧、电影院等）、幼儿园等（图5-19）。

图5-19　上海嘉定幼儿园

5.3.3　以"线形态"为特征的构成方式

窗的线状造型可以通过两种方式实现，一种是用单独的矩形条窗形成线状造型；另一种是一排或一列有分割的点窗在视觉上形成线状的感觉。线窗又可以分为水平向线窗和垂直向线窗。垂直线窗不仅可以起到竖向划分扁平体块的作用也可以使建筑表现出向上、运动的趋势与生长感，会让建筑看起来更加高耸，凌厉；相对的，水平线窗可以打破建筑竖长的比例，水平向划分体块使得建筑更加稳定具有延伸感，给人以平和、静止安定的感觉。

线状窗的常见造型手法有阵列、打断、转角、渐变、错位等（表5-5）。

"线形态"构成方式的艺术特征　　　　　　　　　　　表5-5

手法	案例	模型示意	艺术特性
阵列			阵列可以使建筑延线窗的方向产生延伸感，赋予外立面更多变化。 （哈佛大学教学楼）
打断			打断可以避免重复要素过多为建筑带来的呆板、单调的感觉。 （缝之宅）
转角			线窗转折不仅可以使室内获得更大的视野，也可以让建筑视觉上水平被抬起更加飘逸。 （小别墅，伊朗）

续表

手法	案例	模型示意	艺术特性
渐变			渐变可以使建筑外立面产生丰富的变化、韵律。（巴黎Vanves音乐学院）
错位			按一定规律的点窗错位可以在为建筑带来秩序美的同时又不失变化与趣味。（哈里森公寓）

（资料来源：作者自绘）

5.3.4 以"面形态"为特征的构成方式

这里所指的大面积开窗也可以理解为面式开窗，即整个建筑立面都采用玻璃这种材料。根据造型特点和玻璃与其他材料交界处的处理，大面积开窗可以分为取景框和整面式两种造型方式：

1. 取景框式

整块玻璃立面像取景器一样适度内凹一部分，其他材料像画框一样在玻璃面立面外围包一圈，这种开窗方式不仅会形成面与面的对比，而且达到了结构允许情况下的最大开窗面积，因此也会很大程度的增大内部视野（表5-6）。

取景框式　　　　　　　　　　　　　　　　　　　　　　　　表5-6

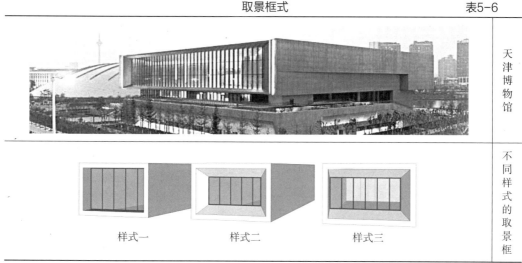

天津博物馆

不同样式的取景框

样式一　　　　样式二　　　　样式三

（资料来源：网络图片、作者自绘）

2．整面式

将整个玻璃立面适度放大整体外扩由此来隐藏掉其背后的体量，同时也会暴露其玻璃表皮的边界，这种开窗方式可以很好的隐藏、削减建筑的体量感，给人以虚幻感和趣味性（图5-20、图5-21）。

5.3.5 以"体形态"为特征的构成方式

这里所指的玻璃体块对于建筑来讲，主要是指建筑的三个立面以上整面采用玻璃，进而呈现出玻璃表皮包裹体量或者玻璃体量与实体材料穿插其中的效果。根据玻璃材料与其他材料的占比，以及玻璃包裹程度，玻璃体块可以分为以下两种造型方式：

1．局部玻璃体块

局部的玻璃体块造型方式可以应用在单个建筑或者群体组合建筑（玻璃体包裹其中一个或几个建筑）中，采取这种造型方式可以让建筑体量更加立体，形成鲜明的对比，包括虚实对比、体量对比、材料对比；此外，这种手法也可以应用到室内的交通空间中，如门厅、楼梯间等（图5-22、图5-23）。

图5-20 北京城建大厦
（资料来源：作者自摄）

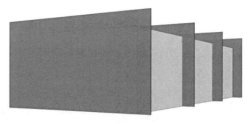

图5-21 面式玻璃表皮示意
（资料来源：作者自绘）

图5-22 代尔夫特理工大学学生公寓

图5-23 天津图书馆

2. 完全玻璃体（玻璃幕墙）

完全玻璃体指的是建筑各表面都由玻璃来包裹，使得整个建筑就像一个玻璃盒子立在地面上。由于现阶段玻璃幕墙体系完善，幕墙支承结构多种多样，所以玻璃幕墙基本可以覆盖任何形状任何体量的建筑（图5-24、图5-25）。这种玻璃体的造型方式可以体现出建筑的时尚科技感，也可以让高层建筑整体显得轻盈通透，不会给人过多的压迫感，很适合建在高楼大厦林立的大城市中心。

图5-24 安特卫普港口集团大厦

图5-25 CCTV央视大楼

5.4　建筑空间营造

玻璃是通过对场所的围合来营造建筑空间，通过对光的运用赋予建筑特定的氛围与气质，创造特定氛围的空间。

玻璃用作建筑材料时，通透性是我们最多考虑到的，充分利用这种通透性不仅仅会为建筑带来美观、通透、简洁的立面效果，满足建筑最根本的采光通风要求，也可以在建筑内部创造出一个不用实体分隔的虚空间或是由玻璃划分的私密空间，赋予建筑空间更多趣味，增强建筑空间的层次感。

5.4.1　玻璃表皮

当玻璃用在外表皮时可以利用透过照进室内的光来形成一个虚空间，这种空间不同于用实体构件分隔出来的空间，会给人以不同的心理感受，通过这种方式营造出的虚空间更加明快、自然，而且阳光的变化也会使这种虚空间更加的生动有趣（表5-7）。

玻璃在不同空间的应用分析　　　　　　　　　　　　　　　　表5-7

类型及模型		案例	分析
门厅空间	玻璃幕墙围合		建筑的门厅空间经常会采用玻璃幕墙，来呼应门厅所应承担的建筑内外部空间交流过渡的功能与心理需求，让使用者在门厅获得更加开阔的视野
中庭空间	地上		玻璃经常会被用到建筑的中庭空间之中。一方面起到为中庭遮风挡雨的作用；另一方面可以赋予中庭更多的光影变化不至于太阳直射
	地下		埋在地下的建筑也常常会在中庭等空间采用顶部覆盖玻璃的方式满足空间使用的采光要求，赋予地下空间明亮的氛围

续表

类型及模型		案例	分析
过渡空间	室内外过渡		由玻璃划分室内外而形成的过渡空间，增加了建筑"室外空间—过渡空间—室内空间"的空间变化，可以起到增加空间层次感，让室内外空间过渡更自然的作用
	整体笼罩		这种方式也可以形成"室外空间—公共空间—私密空间"的空间层级，充分按照建筑的私密性来划分空间，强化空间层次感，满足不同人群的使用要求
连廊空间	建筑之间		群体建筑或双子塔之间经常会在塔楼部分用玻璃表皮的体块连接，既可以形成功能上的连续过渡空间，也可以在视觉上弱化连廊的体量感
趣味空间	冥想空间		冥想空间是泛指建筑中一些适合静坐、思考的空间，其强调的是人与天、人与自然的和谐统一，这种空间需达到宽敞开阔，整洁明亮。一般会居所建筑在自然景观或有特定景观的一面开明亮的落地窗，形成人与自然共存的氛围
	宗教氛围营造		玻璃不仅具有现代感，早在哥特时期的欧洲教堂中就已经出现了各式彩色玻璃做的玫瑰窗。现代建筑中也可以将玻璃和其他材料以镂空的方式结合，赋予建筑宗教氛围

续表

类型及模型	案例	分析
趣味空间 天窗的应用	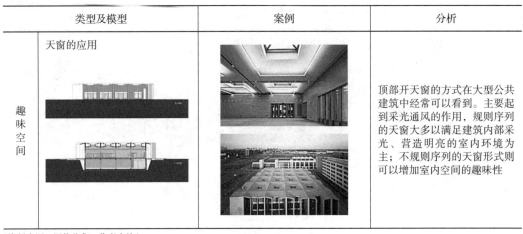	顶部开天窗的方式在大型公共建筑中经常可以看到。主要起到采光通风的作用，规则序列的天窗大多以满足建筑内部采光、营造明亮的室内环境为主；不规则序列的天窗形式则可以增加室内空间的趣味性

（资料来源：网络收集、作者自绘）

5.4.2　玻璃在建筑内部的应用

玻璃作为建筑材料时不仅仅可以起到立面装饰、采光通风的作用，相比起用实物围合出来的比较生硬闭合的空间更可以为建筑营造出宜人不封闭且视野较为开朗的虚空间，可以让建筑内部空间更加生动、活跃。

玻璃在建筑内部的主要起到划分空间的作用，而且也可以针对不同作用的空间选择不同透明度的玻璃来营造空间氛围。

1．私密空间

玻璃用在室内时所营造出的虚空间通常可以赋予建筑静谧的、隐蔽的、私密的氛围。因此室内常常会用到通透度较低的玻璃（如：磨砂玻璃、玻璃砖等）来围合出相对私密、安静的空间，既满足了视觉美观与实际的空间使用功能，同时也不会使室内空间整体过于压抑。

2．通透明亮的空间

将透明度比较高的玻璃应用在建筑的内部会为建筑室内带来明亮、轻快、通透的氛围与感受，适用于一些办公楼建筑或老旧建筑的改造（图5-26～图5-28）。

图5-26　爱马仕大楼

图5-27　清华大学建筑系馆

图5-28　室内空间

5.5　玻璃材料的应用形式及构造方法

玻璃材料脆性大，不耐热耐冲击，对应力和变形敏感。在建筑实践中，通过玻璃与不同材料的连接，利用其他材料良好的性能互补性来减少玻璃的应力和变形，进而形成各式各样的玻璃应用形式。

在建筑玻璃的应用中，技术构造起着至关重要的作用。目前的玻璃应用形式主要为全玻璃式构造、框架式构造和点支式构造三种主要形式。

5.5.1　全玻璃式构造

在全玻璃式构造中，玻璃承重结构的同时也是维护结构，构造系统中没有任何可见的金属连接件。玻璃的连接运用榫卯结构，利用玻璃条封边。在日光作用下，玻璃间的组合穿插会产生丰富的光影变化，使得整个体系呈现出一种晶莹剔透的艺术效果。

同时，全玻璃式构造方法对技术的要求很高，玻璃材料的强度、玻璃构件的精确性使得它的造价比较高。与其他的幕墙构造形式相比，全玻璃幕墙立面效果比较整洁、宽敞，视野比较透明，主要用在一些高大建筑物的厅堂及橱窗上，有时为了采光及美观需要，也用在一些高层的大跨度空间楼层上。全玻璃幕墙的构造主要有两种类型：一种是设有肋玻璃的构造；另一种是不设肋玻璃的构造。

1．不设肋玻璃全玻璃幕墙

不设肋玻璃全玻璃幕墙最普遍的做法是将大块玻璃的两端嵌入金属框内，并用硅酮结构密封胶嵌缝固定。通常有以下三种安装方式：干式装配、湿式装配、混合装配（图5-29）。

干式装配是指将玻璃固定时，采用密封条（如橡胶密封条）镶嵌固定的安装方式。而湿式装配则是当玻璃插入镶嵌槽内定位后，采用密封胶（如硅酮密封胶）注入玻璃与槽壁的空隙将玻璃固定的安装方式。最后的混合装配是指将干式装配和湿式装配同时结合使用的安装方式。即先在一侧固定密封条，放入玻璃，另一侧用硅酮密封胶最后固定。

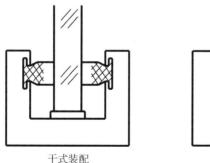 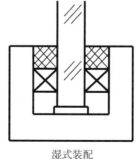 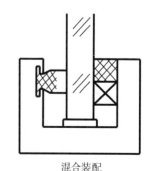

干式装配　　　　　　　　　湿式装配　　　　　　　　　混合装配

图5-29　不设肋玻璃全玻璃幕墙的三种安装方式

图5-30 加肋玻璃全玻璃幕墙的三种构造形式

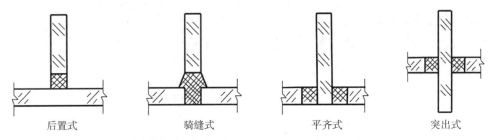

图5-31 加肋玻璃全玻璃幕墙胶连接的四种构造形式

2. 加肋玻璃全玻璃幕墙

加肋玻璃全玻璃幕墙中肋玻璃面的方向布置，主要会根据建筑物所处的位置、建筑功能及艺术要求而定。在面玻璃与肋玻璃相交部位的处理方式中，通常有以下三种构造形式：双肋式、单肋式和通肋式（图5-30）。

加肋玻璃全玻璃幕墙相交面处理构造主要为面玻璃与肋玻璃通过透明的硅酮结构密封胶连接。其主要处理形式有如下四种（图5-31）：

①后置式：玻璃肋位于面玻璃的后部，用结构胶将玻璃肋与面玻璃粘结成一个整体；

②骑缝式：玻璃肋位于两块面玻璃接缝处，用结构胶将三块玻璃连接在一起；

③平齐式：玻璃肋位于两块面玻璃之间，肋的一边与面玻璃表面平齐，肋与两块面玻璃间用结构胶粘结。这种形式由于面玻璃与玻璃肋侧面透光厚度不一样，会在视觉上产生色差；

④突出式：玻璃肋位于两块面玻璃之间，两侧均突出面玻璃表面，肋与面玻璃间用结构胶粘结密封。

在当代建筑施工中，多数全玻璃幕墙的主要结构为吊挂式，主要由以下三部分组成：

上部承重吊挂结构：钢吊架，钢横梁，悬挂吊杆（图5-32）。

中部玻璃结构：玻璃面板，玻璃肋板，硅酮结构密封胶。

下部边框结构：金属边框，氯丁橡胶垫块，泡沫填充材料（图5-33）。

最终将玻璃面板和玻璃肋板等构件的自身质量荷载和所受风荷载通过连接构件传递到主

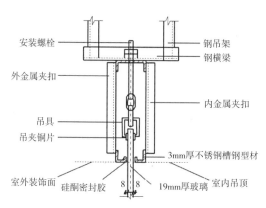

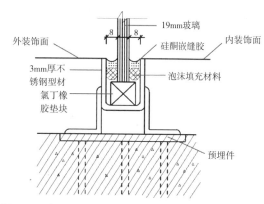

图5-32 全玻璃上部承重吊挂结构构造　　　　图5-33 全玻璃下部下部边框结构构造

体结构上。

2016年在新加坡建成的第一高楼丹戎巴葛中心中全玻璃幕墙得到了很好的应用（图5-34）。该构造方法将建筑美学、建筑围护功能、建筑节能和建筑结构等因素有机地结合起来，使得建筑物从不同角度呈现出不同的色调，随阳光、月色、灯光的变化给人以动态的美。

图5-34 丹戎巴葛中心外观

5.5.2 框架式构造

框架式构造方法是通过框架将玻璃与建筑主体结构进行固定的构造方法，框架的材料可以是木材、金属、塑料等耐久性材料。其主要作用是防止外力作用下玻璃与墙体的直接接触，保护脆性较大的玻璃免受破坏。玻璃的框架式构造做法属于传统的构造方式，已具有相当成熟的施工工艺。

框架式玻璃构造系统所用玻璃的面积较小，对玻璃的性能要求也不高，可以大大节约建筑成本。框架所产生的分隔增加了立面的细部，提升了玻璃界面的艺术魅力。但是，由于这种构造方式灵活性小，一般仅用于营造平面、单曲面等较简单的玻璃界面。同时，构造技术的工艺不难也使得这种方式难以完全表达玻璃结构技术的精美感。

在实践过程中，首先将玻璃与框架相连接，主要是通过支撑块、定位块和间距片使玻璃正确地安装入框架内预留的槽口或凹槽中，并用密封材料进行密封与辅助固定，密封材料的种类有油灰、塑性填料、密封剂、嵌缝条、结构型密封垫板等。根据槽口和凹槽的形式可以分为有压条的槽口、没有压条的槽口、凹形槽和H型结构密封垫（图5-35）。

在当代建筑实践中，由框支承的玻璃幕墙按幕墙形式可主要分为以下三种：

明框玻璃幕墙：金属框架的构件显露于面板外表面的框支承玻璃幕墙（图5-36）。

隐框玻璃幕墙：金属框架的构件完全不显露于面板外表面的框支承玻璃幕墙。

半隐框玻璃幕墙：金属框架的竖向或横向构件显露于面板外表面的框支承玻璃幕墙（图5-37）。

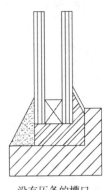 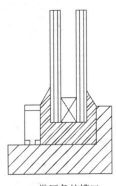 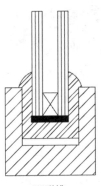 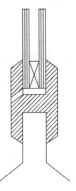

没有压条的槽口　　　　带压条的槽口　　　　凹形槽　　　　H型结构密封垫

图5-35　四种槽口和凹槽的形式

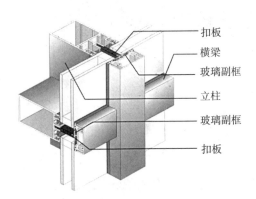

扣板
横梁
玻璃副框
立柱
玻璃副框
扣板

图5-36　明框玻璃幕墙节点构造

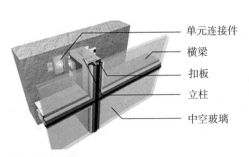

单元连接件
横梁
扣板
立柱
中空玻璃

图5-37　隐框玻璃幕墙节点构造

5.5.3　点支式构造

点支式构造方法是在玻璃表面或边缘的几个点上通过小型的构件固定在支撑结构上。这几个点集安装与支撑功能于一身，它们承受着玻璃的自重及作用于玻璃上的风荷载，并将这些力传递到主体结构上（图5-38）。由于大片玻璃只是通过几个支撑结构相连接，因此将遮挡面积降低到最小。同时，它可以适应支撑结构受荷载后产生的变形，使玻璃受力状态良好。

点支式玻璃构造中玻璃与构件的连接有穿孔和非穿孔两种，同时其金属连接件和爪件有活动和固定之分，形式也很多，构造详图如图（图5-39）。

因此，点支式玻璃构造系统的灵活性很大，可以营造出平面（图5-40）、几何曲面（图5-41）、自由曲面等各种复杂的玻璃界面，最大程度地满足现代建筑的造型需要，具有良好的工艺性和艺术性。

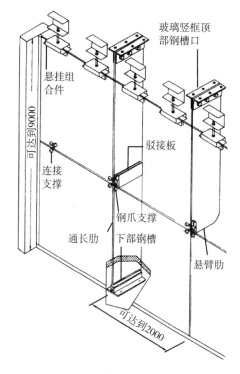

图5-38　点支式玻璃构造

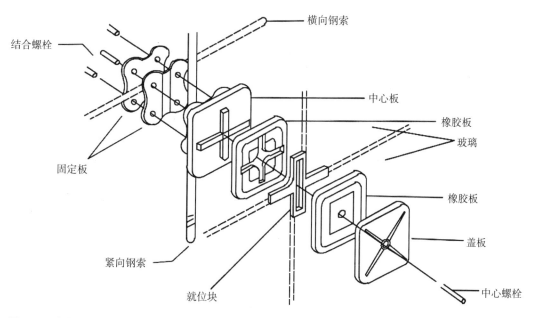

图5-39　点支式玻璃与构件连接构造

图5-40 平面玻璃   图5-41 几何曲面玻璃

5.6 本章小结

玻璃是最明显的区别于其他建筑材料的一种，它有着独特的物理属性，同时带给人们多样的感受。本章首先从玻璃材料的感官属性和文化属性这两个基本属性进行分析，从点、线、面、体的形态构成的角度对开窗方式进行归纳，分析其艺术表现力及审美特征。

在建筑设计中，玻璃不仅仅局限于当作遮风避雨的维护材料或是满足于建筑的采光需求。上文总结了一些玻璃在建筑外立面所呈现的不同造型方式，当其作为窗户或表皮材料时可充分考虑结合建筑的造型来应用，建筑的开窗、玻璃表皮围合方式都可以根据具体建筑的功能与其表达的立面效果不同而做出相应的设计。当玻璃与砖石、木材、混凝土和金属等材料搭配时，虽然都扮演着透明性强的一方，但组合效果也各不相同。

建筑师在将玻璃作为外表皮材料时应充分考虑到玻璃的这些不同于一般材料的自身特性，玻璃都是基于这些自身特性应用到建筑外立面上的，充分利用好这些特性有助于我们表现出玻璃的最佳艺术效果。

第6章 混凝土

在众多建筑材料中，混凝土装饰最显著的特点是具有可塑性。由于混凝土具有流动、凝固、硬化的物理特性，所以可以创造出多种多样的立体形态（图6-1）。混凝土材料可以任意塑形的特点是与其他材料最大的不同之处。建筑师可以根据设计理念将混凝土做成任意形状，例如方形、圆形以及不规则形等，甚至还可以将混凝土材料喷涂在用金属网片编织纹理的基底上，使模块整体形成自然的起伏状态，同时体现出混凝土粗犷、狂野的性格。这种不规则而又连续的起伏，形成立面上显著的立体阴影效果，可以营造出丰富的立面表情。

6.1 混凝土的感官属性

6.1.1 肌理

混凝土加工或建造过程是混凝土原料经混合后由可流动的状态经过凝固、硬化变为坚硬的固态，它可以在本身自重或机械振捣作用下产生流动，均匀密实充满模板后定型。混凝土有很强的拓印特征，可以将模板的纹理原封不动的拓印下来。因此通过对混凝土材料表面的处理，可以创造出丰富的纹理和质感，表达不同的情感和设计理念，适应不同的环境氛围。

影响混凝土表面肌理的因素有很多：一是模板的材料；二是混凝土的骨料大小和数量。混凝土的肌理可通过模板的纹理拓印下来，也可通过处理表面灰浆暴露出内部的骨料来表现。建筑师要将施工中的模板拼接缝、施工缝以及对拉螺杆孔进行综合考虑，利用这些施工痕迹形成美丽的肌理，营造特殊的装饰效果，同时协调好建筑细部与整体的对应关系，实现施工工艺与装饰效果的完美结合。

6.1.2 色彩

混凝土材料丰富的色彩是其饰面的另外一大特征。在色彩上，混凝土比其他建筑材料有着更加丰富的选择性，在自然光线下所形成的极其微妙的变化效果更是给人们带来惊喜。混凝土饰面的色彩大致可以分为两类：灰色类和彩色类。

1. 灰色类混凝土

通常情况下，混凝土呈现其本色即灰色，但是混凝土的灰色调并不是单一的颜色。利用水泥与骨料种类和色调的不同，可以调配出深浅不一的灰色混凝土，而这种层次丰富的灰色

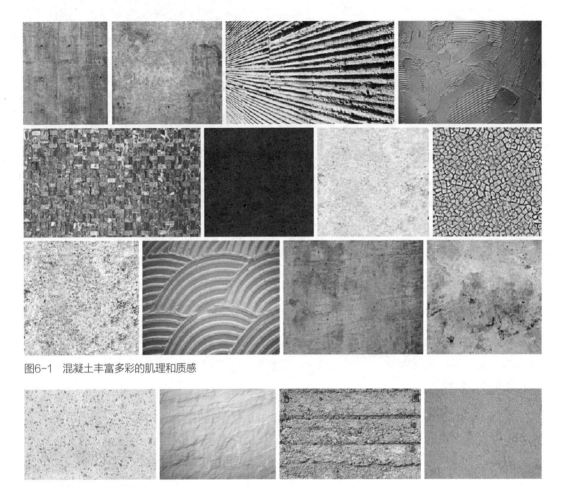

图6-1 混凝土丰富多彩的肌理和质感

图6-2 不同色度的灰色混凝土

调则是混凝土的魅力所在（图6-2）。

灰色混凝土建筑的颜色质朴、低调、庄重、雅致，可以很和谐地融入周边环境之中，随着颜色的加深，肃穆感也在加深。

东方建筑师十分青睐灰色混凝土沉静内敛的气质，灰色的混凝土建筑常常出现在日本建筑师的作品中。前川国男设计建造的东京文化会馆，建筑为清水混凝土饰面，整体呈灰色调，古朴凝重，又极具力量感（图6-3）。安藤忠雄用灰色清水混凝土设计建造了他的成名作住吉的长屋。灰色的建筑很好地融入了拥挤的巷子，房屋内外都是采用灰色基调的清水混凝土饰面，显得安静内秀、清心寡欲，成功诠释了日本含蓄的文化精神（图6-4）。

2. 彩色调混凝土

灰色的清水混凝土最大不足之处也在于其色彩单一，有些时候会被认为是单调、灰暗、呆板，给人以压抑感觉，于是人们在水泥中掺入彩色颜料或者染色剂来改变其色彩。彩色混凝土

图6-3　东京文化会馆

图6-4　住吉的长屋

图6-5　彩色混凝土

材料因色彩的多样性和丰富性在现代建筑探索具有民族传统特色的建筑设计中发挥出不可或缺的作用（图6-5）。常用的彩色混凝土的着色方式有：整体着色、化学染色、彩色骨料等。

　　与灰色调清水混凝土的庄严肃穆不同，彩色混凝土的暖色调使人感到轻快明朗（图6-6）。贝聿铭设计建造的华盛顿国家美术馆东馆造型新颖独特，平面为三角形。既与周围环境和谐一致，又造出醒目的效果。内部设计丰富多彩，采光与展出效果很好（图6-7）。东馆的设计手法虽然与西馆不同但在许多方面与西馆相呼应。东馆内外为了与西馆的颜色和谐，使用相同产地的建筑材料，混凝土墙面分隔缝也与西馆相同。但东馆的天桥、平台等不采用大理石贴面的钢筋混凝土构件，颜色同环境中的大理石墙面颜色接近（图6-8）。

图6-6　暖色调的彩色混凝土外观

图6-7　良好的室内采光　　　　　　　图6-8　美术馆外立面材料表达

贝聿铭在中央大厅以外的三角格子顶棚中采用了暖色调的清水混凝土，混凝土构件做工精美质地细腻，显得晶莹润泽，红色的色调营造了一种轻松愉悦的气氛，减轻了厚重结构所带来的压抑感。

6.1.3 质感

1. 光滑

混凝土的光滑肌理是相对于不修边幅的粗糙肌理来说的。通常使用光滑细致的混凝土模板通过精细严格的施工直接浇筑而成，也可以在拆除模板后对混凝土表面进行打磨，同样的混凝土打磨的程度不同会呈现完全不一样的视觉效果。对混凝土表面进行打磨和抛光，能使混凝土表面变得如同天然大理石般光滑，展现出混凝土的独特肌理质感（图6-9）。

巴塞尔建筑师Morger&Delago在2000年竣工的列支敦士登瓦杜兹美术博物馆项目中对抛光混凝土表面进行了实验。瓦杜兹美术博物馆用于展示19世纪~21世纪的现代艺术作品，位于马儿本山崖脚下，从建筑正立面能够观察到山上不远处的白墙红顶的公爵古堡（图6-10）。为了和周围环境融合和区别，建筑采取了一个非常简单的平面和形体，建筑混凝土外表面的处理简洁而不简单，具有极强的艺术感染力（图6-11）。

建筑师采用的混凝土集料包括破碎的黑色玄武石，小颗粒的绿色、红色、白色的莱茵河砾石，应用黑色水泥现场浇筑了这堵高8米的承重墙。拆除模板后，集料的特殊性并没有表现出来，水泥砂浆将混凝土内部组成完全掩盖了。因此建筑师试着对混凝土表面抛光，希望能够得到水磨石地面的效果。打磨和抛光后的混凝土墙面带来了意想不到的艺术效果："最外层的混凝土墙体经过打磨和抛光，展示出它原始的模样，看上去像一块价格昂贵的石头。"光滑的表面映衬着蓝天白云、远山近树，随着时间和天气的变幻而变幻。混凝土墙面上的入口玻璃幕墙和混凝土的交接平滑精致，玻璃里的清晰影像和半反光的混凝土墙面也形成有趣的对比。

图6-9 打磨形成的清水混凝土的光滑肌理

图6-10 登瓦杜兹美术博物馆

图6-11 博物馆外立面效果

2. 粗糙

粗糙肌理的清水混凝土被现代主义大师们例如柯布西耶、布鲁尔、鲁道夫等广泛运用于各种类型的建筑外部造型上。混凝土的这种粗狂质朴的材质效果赋予了建筑丰富的表情和情感，仍然是当代建筑师对于混凝土饰面处理方法的重要手段之一。

1）模板印纹肌理

模板的设计与选择非常重要。模板的材料的选择面很广，木板、金属板、塑料板等都是常用的模板材料。混凝土浇筑过程中模板对混凝土的表面形式起着决定性的作用，不同种类、大小比例、拼接方式的模板不同所浇筑出的清水混凝土表面肌理千差万别，这种差异直接影响清水混凝土的建筑表面，所以施工时应该尽量使用整块的模板，拼接模板造成的接缝痕迹会使得浇筑成果与设计效果完全不同。

例如，木纹模板浇筑的清水混凝土立面会显示出木头的自然纹理，通常采用松木板、杉木板、三合板等，有些时候会采用由小块的模板拼合而成的木模板，脱模以后混凝土表面的大大小小、高低错落的矩形纹样非常具有装饰效果。木纹模板不同的粗糙程度会导致不同的立面效果，通常采用机械加工或者化学方法增加木纹肌理的粗糙程度（图6-12）。

2）表面加工肌理

除了使用模板直接浇筑成型的清水混凝土立面肌理效果，还可以在混凝土材料拆模以后对立面进行二次加工。凿纹、点加工、凿石锤、梳錾、锯裂法、冲击法、洗刷法等，都是为了人工塑造肌理纹样或者暴露清水混凝土材料的骨料形成随机的肌理（图6-13）。

粗糙风格的混凝土早在现代主义大师勒·柯布西耶的"粗野主义"建筑中有过出色表现，直到现在仍是当代对于混凝土表面质感处理的重要方法。建于2007年的Vitra在巴西圣保罗的零售店即是利用这种原始质朴粗糙的混凝土表面凸显了Vitra家具的高贵品质（图

图6-12　木纹模板浇筑的清水混凝土立面

图6-13　混凝土立面二次加工

6-14）。整个建筑外皮保留着大小不一的长条木板的痕迹，凹凸非常明显，甚至保留了人工建造过程中留在墙上的粉笔记号。而与之形成强烈反差的是，零售店的室内墙面是极其光滑的混凝土表现，尽显高雅内涵（图6-15），同种材料的内外对比表现成功诠释了品牌的意义。

混凝土的粗糙质感不仅在公共建筑中有所应用，很多居住建筑也以混凝土粗糙的表面为主题，表现建筑的地域性或者原始的力量感等（图6-16）。Los Vilos设计的Larrain House位于智利海边一片农村的景观上。这座住宅是建筑师祖母一家人的周末度假别墅。建筑用钢筋混凝土现浇造就，包括三个相同的简单抽象的房屋体量，其中两个作为一层错开，第三个倒置架在另外两个之上，作为二层（图6-17）。建筑的墙面包括屋顶都是表面没有精细处理的灰色混凝土，表现了混凝土粗糙的统一性。其中一些地面铺了石头，与具有麻点的粗糙和混凝土的表皮相称。建筑的墙面有混凝土粗糙的模板纹理和斑驳的碱花，和当地粗犷的景象呼应。

图6-14　Vitra在巴西圣保罗的零售店

图6-15　零售店内部透视

图6-16　混凝土的粗糙表面纹理

图6-17　智利Larrain House

3. 精细

随着技术的进步和审美的转变，混凝土精细质感的表现越来越多了。安藤忠雄的混凝土建筑多是精细风格的：细致的表面、均匀的分割线和固定模板留下的洞，塑造的空间温柔细腻。路易斯·康的混凝土建筑也是精细风格的表面，他追求建筑材料的真实表现，力求把混凝土处理成石材一样的效果。当代混凝土建筑中各种类型的建筑里都有对混凝土均匀精细的质感表现。

法国方盒子体育馆位于图尔雷特勒旺当地的一所中学，意在为学生提供体育教育和马戏表演场所。建筑外立面由单一材质包裹，其墙面由压模上色的垂质混凝土设计而成，展现舞台帷幕一般波动的效果（图6-18、图6-19）。建筑表皮纹理通过使用两个略微不同的模型来获得，这两个模型与混凝土外壳同高，专为此建筑设计。建筑外立面由混凝土采用单一模型浇灌而成，保证

图6-18　方盒子体育馆

其整体隐藏在帷幕图案外表皮中。设计师想要在混凝土外表皮包围中创造一个雕刻般的内部表面，起伏的瓦楞如同舞台波动的幕帘（图6-20）。模压混凝土实墙抬高于赭石色的实墙之上，给人一种室内抬高的感觉。种种精心的设计使原本简单的体院场馆变成一件艺术品。

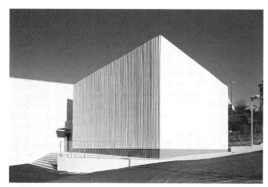

图6-19　体育馆外立面纹理

图6-20　体育馆内部表面

6.2 混凝土的文化属性

6.2.1 材料性格

混凝土材料有着悠久的历史，被视为三大经典建筑材料之一，在建筑中使用非常广泛，混凝土丰富多彩的表现力使它从众多建筑材料中脱颖而出。既可以粗犷也可以细腻、既可以光滑也可以粗糙、既可以精致也可以凝重，建筑表情丰富多彩。建筑师可以利用混凝土自由地表达个人的建筑审美倾向。混凝土的广泛应用在现代建筑运动中扮演了不可或缺的角色。

6.2.2 地域性

基于当地自然环境

1）基于当地地理环境

混凝土建筑与地理环境的巧妙结合体现在建筑的各个方面，例如用混凝土的形体可以表达场地地形的特点，以混凝土材料的色彩迎合场地环境色彩，或者以其肌理呼应地貌特征等。利用混凝土材料的可塑性和力学特性，可以将建筑和场地塑造成为一个有机整体。设计时可以将场地地形视为重要元素，混凝土建筑作为雕塑形象出现在场地中，浑然天成，与周围环境融为一体，从而强化场地特点并表现场所精神。

布拉加市足球场就是一个很有代表性的案例，建设场位于一座山脚之下，场地山体岩壁的色彩肌理具有很强的视觉感染力。建筑师巧妙地利用这个场地的特点，选用了混凝土材料，将整个足球场完美嵌入山体，浑然天成，极具魅力。建筑设计的成功之处在于最大限度地利用了环境的特殊性来强化建筑的场所精神（图6-21、图6-22）。

2）基于当地气候环境

混凝土建筑对气候的适应除了表现在建筑形体上外，在建筑表皮上也有很好的体现。根据当地气候、日照条件而设计的建筑表皮，使混凝土建筑获得富有地域个性的立面形式。

图6-21 布拉加市足球场

图6-22 足球场室内空间

图6-23　卡塔尔多哈大学城的文学和科学学院大楼　　图6-24　大楼内部及墙体表面

在卡塔尔多哈大学城的文学和科学学院大楼的设计中，建筑师以混凝土表皮来呼应当地气候条件（图6-23）。建筑师从场所、沙砾、阳光中提取设计的灵感。建筑师十分重视当地气候特点：常有大风、日照光线较强、常年少雨。

建筑师创造性地采用了双层的混凝土外墙以应对当地特殊的气候。用开小窗的方法适应干旱地区直射阳光强烈而昼夜温差大的气候，这样可以保持一个良好的室内微气候环境，同时也能有效防止多哈地区强风及风沙侵袭的危害（图6-24）。建筑墙体选用了内黄外白的色彩，与沙漠环境色彩相协调，不仅如此，白色外墙还能有效减少建筑的热辐射。

总之，建筑师巧妙利用了混凝土材料的可塑性、多彩性以及良好的隔热性能，营造出适应地方气候的建筑环境，并创造出丰富而具有个性的建筑形象。

6.3　混凝土的功能属性

在建筑材料历史上，石头和木材都属于天然的材料，砖块、金属、玻璃等属于人造的均质材料，而混凝土则属于一种混合材料。混凝土原料的生产和施工工艺结合，使其具有了其他材料不具备的特殊性质——多变性、可塑性以及丰富性等。当代混凝土材料既可以像路易斯·康那样呈现出内外如一的完美，又可以在赫尔佐格等手中呈现表皮的特征，混凝土的功能属性表现为以下两种形式：作为主体承重结构和作为建筑表皮装饰材料。

6.3.1　作为主体承重结构

混凝土在古罗马的拱券结构体系中充分表现了其可塑性强的特质，当今混凝土是建筑结构的主要材料，其制造过程中呈现的半流体状态可以使其被浇筑呈任意结构形态，加之其本身的高强度与抗压的技术性质，使混凝土作为主体承重结构的应用具有宽广的适应性。除了现代主义建筑常见的钢筋混凝土结构外，利用混凝土优秀的可塑性和结构性能可以塑造出任意曲面的建筑造型，创造出灵活多变的建筑形式（表6-1）。

混凝土常用结构示意图 表6-1

类型	示意图	结构特点	案例
悬挑结构		给人以视觉震撼，看似不稳定，但是充满了结构的力量，充分表现出结构技术之美，是体现混凝土结构表现特征的重要方面	
薄壳结构		这种壳体结构可以做得很轻薄、跨度大、便于建筑造型。造型可以很薄、很轻便，超越一般的结构跨度，突出建筑性格	
折板结构		以混凝土薄板相互折叠而成的薄壁结构，具有良好的力学性能，通常采用V形折板，刚度强，制作工艺简单且便于安装	
交叉梁结构		混凝土梁相互交错抵抗弯曲形变的混凝土梁结构。它支撑力强，形式富有韵律感，显示出建筑的结构理性之美	
框架结构		建筑中最常用的结构，平面可以自由布置，塑造灵活多变的空间场所	

1. 悬挑结构

悬挑结构能够给人以视觉震撼，看似不稳定，但是充满了结构的力量，充分表现出结构技术之美，是体现混凝土结构表现特征的重要方面。但混凝土本身抗拉能力差，悬挑结构的表现主要是钢筋混凝土结构的创新，是高强度的钢筋和混凝土结合艺术之美的体现。

Hemeroscopium House是一个关于不稳定的平衡游戏（图6-25）。整个建筑的关键是顶上重20吨的花岗岩。使它产生重力的平衡，维持着这个建筑。建筑的内部空间是通透的，宽广的。从外部看，整体是堆积产生螺旋的结构，它列出了一个稳定的支持，层层叠压向上，Hemeroscopium House一共有7个大的部件。这种结构的方式使空间显得宽敞，轻逸，透明，内部空间保持着流动性。Hemeroscopium House明显的结构，简单的节点，复杂的计算，设计出这样一个空间，在某种程度上说这就是一个发明。

图6-25　Hemeroscopium House

图6-26　巨型工字形混凝土结构及巨型U形混凝土结构

　　Hemeroscopium House宛如一个混凝土的雕塑，屹立在此。建筑师选用了三个几乎与使用功能无关的巨型工字形混凝土结构和两个巨型U形混凝土结构（图6-26）。这些构件相互搭接称重，形成强烈的视觉冲击。

　　"bire bitori"在墨西哥印第安人塔拉乌马拉语中的意思是"一个碟子"，它既是这家餐厅的名字，也是厨师提出的设计概念。当地工作室提出了一个大胆的方案，将建筑悬挑于塞拉塔拉乌马山脉的悬崖上（图6-27）。强调水平延伸的混凝土体量，将钢筋藏于整个建筑的底部作为支撑，意为让客人们沉浸在当地的菜肴、材料和美景的体验中。混凝土建筑嵌入到悬崖的一侧，底部楼板用玻璃铺满，让人们可以向下看到峡谷，身处著名峡谷上方，享受全新的就餐体验（图6-28）。

掩映在东比勒陀利亚（南非）郊区一处热闹的住宅与商业区的临街空地内，这座混凝土建筑可以适应这里瞬息万变的环境变化，并适合同时作为一座住宅与办公室。这种适应性要求以及对资源的优化配置概念贯穿设计的每个层次。两个混凝土方盒子体量被完全架空，通过屋顶与连廊连接，内部几乎没有任何装修装饰，完全靠家居与摆设去装点空间。院落中除了那棵孤独的大树外，也几乎没有任何的装点。但却留给人宁静，舒适，无比安详的感觉（图6-29）。

图6-27 bire bitori餐厅

图6-28 餐厅外观

图6-29 混凝土建筑的宁静意境

2. 薄壳结构

混凝土的薄壳结构是指曲面的薄壁结构，根据曲面形式的不同分为筒壳、圆顶薄壳、双曲扁壳和双曲抛物面壳等。这种模仿蛋壳的结构可以把力均匀地分散到各个部位，所以这种壳体结构可以做得很轻薄、跨度大、便于建筑造型。这种当代对混凝土结构的探索，使混凝土可以不再依靠埋设钢筋受力，使其变得柔软又有韧性，从前需要依靠金属结构才能达到的效果现在用混凝土也能实现。

伊东丰雄事务所设计的冥想之森火葬场运用了大片的纯白色混凝土自由曲线的屋顶，看起来如同漂浮在森林中的一片云彩，舍弃了传统火葬场的压抑与黑色，拥有着与周围景观相互呼应的轻盈感（图6-30、图6-31）。在日本人的观念里，死亡象征着安详宁静。虽然死亡是一件悲伤的事情，但自然规律如此，所以他们希望往生者可以在去世后有一个平静的灵魂，安详地继续生活在世上。殡仪馆建筑是白色、漂浮的屋顶，与群山相仿的曲线形态、轻盈的玻璃以及平静的水面。这一切仿佛都在诉说着他们身后拥有一个对于宁静的灵魂的追求，以及生者对于往生者的希望。这片轻盈、流动的屋顶将传统的矩形平面遮挡起来，模糊了空间界限，实现了功能、结构的统一，营造了轻盈柔和的思念之感。

由SANAA事务所设计的劳力士学习中心设计新颖大胆而且具有高度的实验性质，向人们展示了未来人类新的学习方式和交往方式（图6-32、图6-33）。

妹岛和世与西泽立卫以"把建筑作为公园"作为空间概念，尝试为使用者提供不同的空间体验。这栋建筑的理念在于不论是现在或是未来，都希望创造一个灵活的使用方式，人们可以一起学习、讨论、交流等，来自不同学科的人们之间可以轻松接触，进行思想碰撞，激发灵感（图6-34）。

该建筑混凝土浇筑得非常精确和细致，地面非常光滑且细腻。地板是混凝土结构，屋顶是钢架和木头，地板和屋面保持了一致的走向。为此，在施工中制作了1400个不同的模具，这个建筑很好地诠释了混凝土的可塑性。

3. 折板结构

混凝土的折板结构是以混凝土薄板相互折叠而成的薄壁结构，具有良好的力学性能，通常采用V形折板，刚度强，制作工艺简单且便于安装，广泛运用于大跨度的平面建筑中。

巴塞罗那事务所MX_SI和墨西哥事务所SPRB合作的方案帕帕洛特儿童博物馆方案在竞赛中获奖。博物馆的规划策略是在街道层面上恢复公共空间作为聚会场所的价值，同时回应其在地理上的城市节点功能。建筑从街道上退后一段距离，形成一个城市广场，作为博物馆的延伸成为公共的入口大厅。通过由一组组片墙构成的模糊的界限，人们进入博物馆的内部。博物馆的平面是一条条10米长的方形，其结构由裸露的混凝土墙面及连接墙面的V形房

图6-30 冥想之森火葬场

图6-31 纯白色混凝土自由曲线屋顶

图6-32 劳力士学习中心

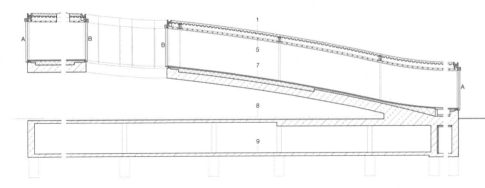

图6-33 劳力士学习中心剖面图

图6-34　劳力士学习中心外观

图6-35　帕帕洛特儿童博物馆剖透视

梁组成，使用混凝土折板屋面，使屋顶尽量轻薄，形成第五立面（图6-35），模糊界限。混凝土墙面构成了抽象意义上的森林。

戴维·卡布雷拉拍摄的Valleaceron小教堂获得了2015年度建筑摄影奖，他说："任何语言都无法表达我在那时的感受，它非常特殊，因为属于私人教堂，又不好进去。照片中有种纯粹的美，但最好身临其境去体会。"由S-M.A.O事务所设计的Valleaceron小教堂位于西班牙雷亚尔城的一个小山顶。建筑不规则的三角形表面显示出头重脚轻的不稳定状态。建筑师通过折纸获得灵感，在对纸盒的不断折叠和剪切推敲中最终确定教堂的形态，该建筑的设计手法掀起了建筑界折叠建筑的风潮（图6-36）。建筑结构设计没有图纸而是直接来源于模型。教堂内部没有人造光源，室内不规则的空间、作为焦点的十字架、素雅的清水混凝土墙面、不规则窗户引入的光影效果都营造出教堂神秘的气氛（图6-37）。小教堂建造采用现浇混凝技术以及混凝土板装配技术，呈现出混凝土建筑清晰的几何形雕塑感。由于建筑师采用混凝土材质，增加了教堂的仪式感和庄严肃静之感，没有使用传统意义上的方形，大胆的折线不仅缩小了混凝土板的厚度，也使这座混凝土教堂平添了些许灵动之美（图6-38）。

图6-36　Valleaceron小教堂内部空间

图6-37　小教堂室外空间

图6-38　混凝土的灵动表达

4. 交叉梁结构

混凝土的交叉梁结构是指混凝土梁相互交错抵抗弯曲形变的混凝土梁结构。它支撑力强，形式富有韵律感，体现出建筑的结构理性之美。

图6-39　意大利空军飞机库屋顶结构

奈尔维在为意大利空军设计的八座飞机库中对清水混凝土的交叉梁结构进行了成功的尝试。这些飞机库内没有立柱，满足了大空间的需求，尺寸为131厘米×328厘米，屋顶采用钢筋混凝土现浇而成的正交斜放网络状交叉肋拱，每个网络长约4.6米。整个建筑建成后混凝土表面没有裂缝，充分的展示了混凝土施工技术的高超，内部宽大而富有韵律感的空间从正面体现出技术与艺术的完美结合（图6-39）。

5. 框架剪力墙结构

清水混凝土的框架剪力墙结构是建筑中最常用的结构，在框架结构中布置可以抵抗水平推力的混凝土墙体，使得建筑的框架柱和楼板墙体结合成一个既能承受竖向荷载又能抵抗水平推力的建筑体系，平面可以自由布置，塑造灵活多变的空间场所。

6.3.2　作为建筑外表面装饰材料

"对于建筑而言亦如此，你将水泥、沙石、水这些平凡的东西混合起来，便能得到美丽的混凝土。"

——泽维·霍克

混凝土由于其物理性质的特殊，作为外表面装饰材料在建筑设计中扮演的角色分为两种形式：第一是使表皮与结构结合，第二是为仅作为建筑外皮的表皮装饰性。

1. 表皮即结构

涩谷tod's表参道大厦是伊东丰雄在2004年设计建成的，充分地利用了混凝土结构与玻璃的结合，使整个建筑的表皮与结构和谐统一。由于建筑用地极其狭小且成L形，较短的一边面向街道，故在建筑的形体不能做过多变化的情况下，伊东丰雄将注意力放在建筑的表皮上。受到表参道大道上的榉树启发，伊东丰雄想要做一个像榉树一样向上生长分散的表皮他将若干棵榉树的抽象图案围绕建筑的六个立面展开，作为建筑的外表同时承担荷载传递，树枝向上生长越来越细的分支状态刚好适合表达越向上荷载越小的结构特征（图6-40）。这个表层用混凝土浇筑而成，厚30厘米；建筑内部共7层，没有任何柱子支撑，层板层厚达50厘米建筑师通过一个整体统一的结构实现了内部空间的通畅和表皮的新颖特点（图6-41）。

图6-40　涩谷tod's表参道大厦外立面　　图6-41　大厦内部空间

2. 表皮装饰性

由日本DOMO国际设计事务所设计的patchwork临时艺术展览馆于2008年在巴西利亚建成。该展馆的设计理念为创建一个介于透明与不透明之间的展览空间，以陈列绘画作品。展馆用不同花纹的预制混凝土板随机铺设，最大限度地接受自然光照，精致的镂空混凝土板使整个建筑灵动、富有美感（图6-42、图6-43）。

香格里拉Tallera博物馆画廊是用混凝土材料制成的三角形形成一个严密的网络覆盖着。使用镂空的混凝土表皮使原本厚重的建筑显得轻盈，透过表皮观察到室内，晚上加之暖色调照明，使整个建筑不再冰冷，突出柔和之感（图6-44~图6-46）。

图6-42　patchwork临时艺术展览馆

图6-43　艺术展览馆内部展览空间

图6-44　Tallera画廊建筑表皮

图6-45　Tallera画廊外观

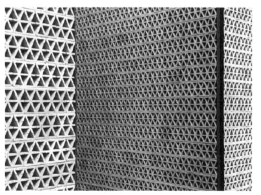

图6-46　由混凝土材料制成的三角形母题

6.4　材料分类

6.5　构成方式及其艺术表现力

6.5.1　墙体表面划分处理

本节讨论的表面处理并非指用于充当建筑表皮功能的混凝土墙面，而是由于混凝土浇筑模板分块方式的特点，形成的多种多样的材料表面划分形式。

1. 墙体分割的构成方式

混凝土墙体会由其浇筑模板的大小、形状或疏密不同，而产生不同的墙体分割形式，进而形成多样的立面效果。大体分为大块分割和小块分割两种构成方式。

大块分割方式的墙体的每个分割单元面积都比较大，具有很强的整体感。这里主要介绍了横向分隔和纵向分割两种方式，其中在相同体量建筑的应用中，竖向分割会比横向分割的方式显得建筑体量较高；小块分割会比大块分割方式显得建筑体量较大。

1）横向分割

横向分割指墙面分割而成的形状的边长在水平方向上长于竖直方向，这种方式构成的立面可以使得建筑更加稳定且具有水平延伸感，给人以平和、安定、静止之感。

德国历史街区"Pfullinger Hallen"的施瓦本阿尔卑斯山脉果园之中坐落着一个多功能体育馆。立面由浅灰色防水预制混凝土制成，采用了较宽的横向分割方式，使建筑显得更具约束性，同时也加强了建筑的整体感（图6-47~图6-49）。

图6-47　德国多功能体育馆

图6-48　德国多功能体育馆局部立面

图6-49　德国多功能体育馆外观

图6-50　吉隆坡的混凝土住宅

　　位于吉隆坡的一幢混凝土住宅，建筑立面是由棱角分明的混凝土构成，其上开有尺寸不一的窗洞，内部是种植有绿色植物的院落，设计师为使用者创造了独特的室外空间（图6-50）。混凝土外壳两端开口，为室内空间带来充足的自然通风，它的多面形状反映了建筑物的朝向及其与森林的关系。建筑师表示："混凝土外壳呈不规则形态，其前部呈现锥形，而整体则朝向森林的方向，整座建筑看起来就像一个巨大的景观视窗口。"

　　锥形入口让建筑更具人性化。它包含了一系列反映内部空间配置的交错立方体（图6-51）。在某些地方，外墙与外立面分开，形成种植着植物的绿色空间，将周围的自然风景

图6-51　交错立方体造型

图6-52　外层与外立面的绿色空间

引入室内（图6-52）。开口的位置和数量由每个房间的功能决定。每个窗口构成一个特定的视图，窗口的深度能够产生空间进深感（图6-53）。建筑的倾斜屋顶截面用作露台和天窗，可让日光进入内部空间，这里还设置有通往屋顶的楼梯间。

图6-53　带有空间感的窗口造型

2）纵向分割

和横向分割相反，这种构成方式指预制模板的规格主要是纵向的几何形状，这种方式不仅可以起到竖向划分扁平体块的作用也可以使建筑表现出向上运动的趋势与生长感，会让建筑看起来更加高耸，凌厉。

建筑师Miguel Quismondo将哈德逊河畔的一座20世纪60年代的仓库进行了改造，为这座仓库扩建了一座全新的混凝土体量，用于收藏意大利贫穷艺术家的作品。这座展览馆的名字"Magazzino"来源于意大利语中"仓库"，它位于Cold Springs村。建筑混凝土墙体使用木质模板浇铸而成型，这些木质面板都经过了苯酚的处理，然后形成建筑的表皮（图6-54）。建筑屋顶的结构较为简单，下方由金属桁架支撑。

项目团队负责人说："虽然这些艺术家的作品都用简单、劣质，容易取得材料制成的，但我们仍然希望通过这些简单的原料来表达内在的设计理念。"现有建筑材料为混凝土和钢构架，平面呈L形，建于1964年，在L形体量的内侧，建筑师设计了一座庭院，然后将艺术展馆放置于庭院中。新旧建筑通过玻璃走廊相连接，这样让建筑看上去更加轻盈（图6-55~图6-57），用粗糙的建筑材料创造了一个轻盈典雅的建筑。

3）划分尺寸不同的分割（小块分割与大块分割）

根据混凝土浇筑模板的形状、大小不同，可以创造各不相同的墙面视觉感受，除了上文

图6-54　哈德逊河畔Magazzino仓库改造

图6-55　Magazzino仓库外观

图6-56　Magazzino仓库立面细部

图6-57　Magazzino仓库轻盈体量

讨论的可以分为竖向分割和横向分割之外，这种效果还与墙面的划分尺寸大小密切相关。尺度大致可以分为小块分割与大块分割，本节讨论的"大""小"都是相对而言。

a. 小块分割

这种墙体构成方式与大块的整体感分割相比，被划分成很小的单元，这些小单元大大提高了界面的"耐读性"与内涵特征，使空间富有层次感并耐人寻味。同时，可以令人联想到砖砌体、片石砌体，能够传达出传统和地域文化的信息。除此之外，更为细腻的分割手法如"灯芯绒"混凝土表面，相关内容在本书下一节中阐述。

日晷宫坐落于新墨西哥州后部干旱的山脉地形附近。为混凝土的圣达菲住宅装上玻璃墙，美国Specht建筑工作室开辟了广阔的视野以欣赏开阔的山脉，同时铸造横跨内部的连续图案墙壁（图6-58）。为了遵守该地区对建筑物的高度限制，建筑师在一架沉没的飞机上建造了住宅。从主马路经过一个平板走道，穿过一个露台和一个楼梯通向庭院入口。两个平整地区都有直达住宅西边尽头的花园。在高露台上种植的灌木和下围栏中的高大树木达到平衡。填充灰质土壤的两个地块加强了园林之间的连续性，并创造了整体连续的浅灰色住宅外观。

木制天花板横梁随着太阳位置的移动，影子条纹也随之变化，类似日晷类的报时装置，住所以此得名（图6-59）。阳光透过天窗投射在一个房子内的木纹混凝土墙上，这些光影在白天不断发生变化，可以让人感觉到光照条件的变化，时间的流逝（图6-60、图6-61）。

图6-58 日晷宫建筑外立面

图6-59　木制天花板横梁投影效果　　　　图6-60　走廊内部光影效果图　　图6-61　日晷宫室内光影效果

图6-62　德国多功能体育馆

b. 大块分割

如上文介绍过的横向分隔中的案例德国多功能体育馆，就采用了相对较大尺寸的分割手法（图6-62）。

4）分析与总结

本节分析了横向分割、纵向分割和细致分割三种类型。当相同建筑体量采用不同分割方式，会产生不同的立面效果（表6-2）。

混凝土不同分割方法产生的不同立面效果 表6-2

类型	横向分割		纵向分割	
图示对比				
	立面有水平方向上的延伸感，有拉长建筑立面的作用，相同体量建筑的横向分割会显得建筑体量较矮		立面显得更加高耸、凌厉，有向上生长的趋势，相同体量建筑的竖向分割会显得建筑体量较高	
类型	小块分割		大块分割	
图示对比				
	建筑立面被划分成细小的几何形状，相同建筑体量的采用小块分割时，会显得建筑体量较大		划分形成的建筑立面呈现比较大块的分割，相同建筑体量采用这种方式会显得整个建筑体量较小	

2. 具有纹理感的构成方式

上一节阐述了墙面分割尺寸较大的方式，本节将继续讨论更小的墙体分割方式，这种方式形成的表面肌理效果更为细腻。这种构成方式指通过预制模板纹理的不同，而形成的墙体立面，这种构成方式和前面提到的小块分割有相似之处，墙面会呈现出更加细腻精致的纹理，它们都可以增加界面的耐读性，分为不规则的纹理和灯芯绒纹理两种类型。

1）不规则的纹理

这种方式构成的立面比较活泼，打破了传统简单竖向或横向分割的拘束，赋予立面焕然一新的面貌。

墨西哥湾畔的混凝土音乐厅由几个巨大的混凝土体量组成。该音乐厅的设计与城市规划相结合，坐落于Jamapa河沿岸，这里的海堤延伸至墨西哥海湾（图6-63）。

建筑的形体充分结合了海堤的岩石，形成大小不同的体块和墙体。从弯曲的海滨大道Vicente Fox一直延伸到后方的码头，景观广场上也分布着各种石块形状的细部设计，其中有不规则混凝土平台以及变化的护栏边缘。

直接裸露的混凝土体量在形态上以各个体块的对角线为基准，每个墙体的角度略有不同，从而形成不同的光影效果（图6-64）。其中一块混凝土体量被抬高至地面层，从而形成入口雨棚。参观者从其下方进入一个三层通高的门厅，在这里建筑师同样也运用了裸露的混凝土板（图6-65）。

图6-63　墨西哥湾畔的混凝土音乐厅

图6-64　墙体的光影效果

图6-65　音乐厅内部三层通高空间

这里最大的演奏厅能够容纳966位观众。这里主要举办古典、传统以及流行音乐会，有时候也会举办舞蹈和舞台剧表演，甚至还有电影的放映。室内的装饰也与建筑外观风格类似，例如混凝土墙体和木制阳台，观演人数较多时，这里还能按照需求增加座椅（图6-66）。

2）芯绒纹理

灯芯绒混凝土表皮是一种特殊的立面形式，它一般呈非常细腻且凹凸有致的条纹状，大大丰富了见面的趣味性，还有一种雅致、细腻之感（图6-67）。

树之家建筑把绿色的空间带回城市中，用高大的热带树木来容纳高密度的住宅。这栋房子位于胡志明市人口最密集的居民区之一的新安郡，那里许多小的房子挤在一起。基地是这个郊区的一个内部街区，只有通过一条小的步行道才能进入。这所房子被设计成由许多小的体块组织在一起，来回应周围城市肌理。树之家就像是一片绿洲，四周环绕着典型的越南排屋（图6-68 ~ 图6-70）。

图6-66　混凝土墙体和室外平台　　　　　图6-67　灯芯绒混凝土表皮肌理

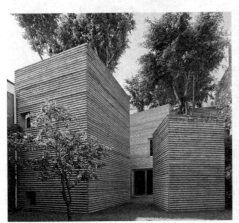  

图6-68　胡志明市树之家建筑　　　　图6-69　树之家建筑院落鸟瞰　图6-70　树之家夜景外观

五个混凝土盒子被设计成"花盆"的样子，在它们的顶部种树。这些盒子中有厚厚的土壤层，可以用来抵抗和存蓄雨水，因此，按照这个想法在未来得以建成大量住宅时，可以大大减少城市的洪水风险。建筑师选择当地的、天然的材料，这有效地降低了建设成本，同时十分环保。外墙用的是竹制模板的现浇混凝土，内墙上用了当地的砖材料。通风的空腔将混凝土和砖墙隔离，增强了室内的隔热效果。

3．混凝土材料的饰面工艺

现代主义时期的混凝土建筑大多关注单一混凝土材料的应用，内外统一的、裸露的混凝土结构表皮表现浑然一体的材料形象。在当代混凝土建筑中出现了很多研究混凝土饰面效果的案例。采用新模板、机械加工表面及应用易于表面维护的新型混凝土改变了裸露混凝土一成不变的灰色粗糙印象。根据施工工艺程序，混凝土饰面可分表面浇筑、浇筑后加工、涂保护层三种处理（表6-3）。

混凝土材料的饰面工艺及其特点 表6-3

序号	工艺程序	特点
1	表面浇筑	在浇筑过程中利用浇筑模板的形状、大小不同形成不同肌理的混凝土墙面
2	浇筑后加工	这种工艺是在浇筑过程完成后，在混凝土表面进行的加工处理，样式的种类多种多样
3	涂保护层	在混凝土墙面喷涂保护层

1）表面浇筑

混凝土饰面浇筑工艺中的重要一环是选择恰当的模板。吸水性是区分模板的重要依据。吸水的模板有木板、胶合板、硬纸板等；不具吸水的模板有金属板、塑料板等。为了达到理想的效果在施工过程中还经常采用模板衬垫、过滤垫、各种附加板以及脱模剂、环氧树脂类涂料等简化工艺、优化饰面效果。

木板是最传统的模板，影响施工的因素很多。粗糙木板能够在混凝土表面留下粗糙的木头纹理，不能形成尖锐的拐角、边缘，是粗野风格的混凝土建筑常用的饰面表现方式。木模板能够吸收靠近模板的空气和水泡，因此硬化时不会出现渗水形成小孔（图6-71）。但木模板的使用技术不易掌控，要求施工人员具备丰富的经验。在第一次使用木模板时，要在模板内表面涂水泥或者混凝土进行"老化"，否则新木板中的木糖成分会阻滞混凝土表面凝固，造成骨料裸露等缺陷。硬化过程中湿度的变化会造成木模板变形带来不可控制的变化。一般情况下，木模板在第二次、第三次使用时能达到最高质量表面效果，再用若干次后则需更换模板了。

图6-71　混凝土表面木模板纹理

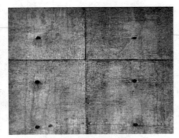
图6-72　混凝土表面光滑带节点

图6-73　橡胶衬垫混凝土纹理

图6-74　混凝土表面喷砂处理

图6-75　凿石锤处理混凝土表面

图6-76　宽凿处理混凝土表面

金属、塑料等不吸水模板能够形成均匀光滑表面（图6-72、图6-73）。模板工厂会根据需要制作大面积的整体模板。同木模板一样，在第二次或第三次使用时光滑模板能够达到良好的效果，但这些模板能够使用50次或更过多次。光滑模板的拼接方式和锚定孔往往会形成混凝土饰面的辨识元素，同样需要精确设计。使用模板衬垫能够在混凝土表面形成各种纹理。模板衬垫一般用橡胶或塑料垫制成，平均厚度8~10厘米，可以反复使用100次左右。高质量的模板衬垫和脱模剂价格昂贵，更经济的做法是采用过滤垫。过滤垫呈织物状，能够过滤掉表面过多的水和气泡，同时将垫子的精细纹理留在硬化后的混凝土表面。

通常，混凝土饰面极易产生麻面、漏浆、冷凝缝、模板印记污迹等缺陷，因此混凝土的浇筑需要熟练的经验和严格的操作管理，设计和施工都不能有丝毫马虎。

2）浇筑后加工处理

浇筑后的饰面处理可以进一步丰富表面的肌理和颜色。喷砂技术有干喷砂和湿喷砂两种，湿喷砂比较节约成本，要注意喷砂工作应在同一阶段进行。通过打磨和抛光饰面会呈现光滑的质感和亮丽的颜色（图6-74）。压纹、点加工、凿石、梳錾等法是人工用锤子、凿子等敲凿混凝土饰面，形成不同的纹理（图6-75、图6-76）。预制混凝土构件可以通过机械处理得到特殊的表面效果。锯裂法可以表现用石锯锯开的痕迹，劈裂法则可以表现劈开后混凝土的自然表面。浇筑后再处理的方式有很多种，大约可以分为手工处理、机械技术处理和刷洗处理等（表6-4）。

此外，一些特殊的技术手段如冲击法、火焰喷射法等通过用钢丸等冲击表面或用火焰融化表层水泥骨料，此类方法对机械设备的要求很复杂，得到的效果很独特。刷洗类的表面处理方法（水洗、酸洗等）也是一种重要的浇筑后表面处理方式，能形成类似混凝土表面外露细骨料麻面的效果。但酸洗法只能应用于小面积混凝土饰面，否则会破坏混凝土的酸碱环境。酸洗法常常在构件预制工厂里进行。

浇筑后表面处理的手法极其多样，随着技术发展越来越冲破人们的想象。如在混凝土表面做成浮雕式的图案等。浇筑后的表面处理依赖于施工人员的技术，不同的操作会产生意想不到的结果。浇筑后混凝土饰面的色彩处理主要是彩釉法，将永久性颜料应用于颜色较浅的饰面。

混凝土加工处理方法及其特点 表6-4

序号	分类	具体方法	特点
1	手工处理	压纹、点加工、凿石锤、锯裂法、劈裂法、打磨法、细磨法、抛光法	手法类别多种多样，使得墙面呈现出不同的肌理
2	机械技术处理	冲击法、火焰喷射法	对机械设备的要求很复杂，得到的效果很独特
3	刷洗处理	轻刷洗法、醋洗法	形成类似混凝土表面外露细骨料麻面的效果

3）涂保护层

长时间暴露的混凝土受到天气变化和化学环境影响失去原始品质，为此可以涂加保护层进行保护。保护层多是无色透明的涂料，如硅树脂、硬脂酸盐、丙烯腈等，可以在混凝土表面形成一层薄膜或者渗入表层内部与混凝土发生化学反应形成保护层。混凝土的养护要经得起时间的考验，各种处理措施和日后保护是一个相辅相成的过程。

6.5.2 形体塑造

混凝土最具大特点是可塑性，可以根据任何设计想法浇筑成理想的形体，这也是其他建筑材料不能达到的，混凝土的形体塑造可以分为规则曲面塑形和不规则曲面塑形两大类。

1．混凝土的可塑性

可塑性是指混凝土建筑在形体上能根据设计者的理念，选用不同模板将其制造成任意形状及大小，建筑造型具有很大的自由度。这一点是由混凝土的特性所决定的。砖石、木材、玻璃、钢筋都不具备可塑性。以下将混凝土与其他材料的建造方式进行了对比分析（表6-5）：

混凝土与其他材料建造方式对比　　　　　　　　表6-5

材料	形式	建造方式
砖石	砌块	以单个或单元砌筑生成建筑形体
木材	条形、板状或块状材料	搭接、榫卯等关系构筑建筑
金属	条形、板状或块状材料	精巧的连接技术构筑建筑
玻璃	面状形式	一般充当采光玻璃窗
混凝土	随机，自由塑性	利用可塑性建造理想的建筑形体

混凝土的加工或建造过程是混凝土原料混合后由可流动的状态经过凝固、硬化变为坚硬的固态的过程，硬化前的流动性使材料可以塑成模板所具备的任何形式，其造型是根据模板的形状而来，这就为建筑造型提供了更多的可能性和自由度。它匀质、单纯的外观特性，在结构上支撑受力的形态，促成混凝土建筑形态的独特性。

在建筑历史上，混凝土的流体状态及其固态体力学性能将现代建筑造型向前推动了一大步。钢筋混凝土构件由于技术上和力学上的特性而具备了一种自由任意的表现力。同时，可以通过在建造过程中留下的模板痕迹，来实现技术上的美学意义，充分展现出技术与艺术的高度统一。混凝土的可塑性为建筑造型提供了自由发挥的空间，建筑师可以充分发挥想象力与创造力，设计出自由的建筑艺术形态，令人眼前一亮。

2. 不规则曲面构成

这种塑形方式很好地利用了混凝土的可塑性物理特征，将其发挥到了极致，对建筑形体进行自由、随机地塑造，强调曲线的自然感，使建筑更像一种雕塑作品。

规则曲面指设计塑造的形体有规矩可循，例如常见的圆柱体、圆台或者其他较为规则的曲面形态。

日本建筑师伊东丰雄在墨西哥设计了一座巴洛克艺术文化博物馆，运用了曲线的白色混凝土墙和水景庭院。项目场地位于墨西哥普埃布拉市旁边的一个公园边上（图6-77），博物馆用来展示巴洛克艺术的作品，从绘画、雕塑、时装到建筑、音乐、戏剧、文学和美食。

建筑中采用圆润的白色混凝土墙，表面具有锤子凿刻的纹理。新月形的水池环绕着建筑物，让建筑与公园之间建立视线联系（图6-78）。从建筑的室外露台可以俯瞰邻近的绿地，展馆则围绕一个中央庭院进行布置，庭院中有一片浅浅的水池，其中还设有喷泉。

高迪所设计的建筑是不规则混凝土塑性的最佳典范（图6-79）。在他的建筑里没有直线，只有曲线的存在，他的建筑亲近自然、造型对大自然的仿生，娴熟驾驭曲面的造型能力，风格无拘无束的建筑风格，让他成为世界上最有个性的建筑大师。

图6-77　巴洛克艺术文化博物馆

图6-78　博物馆白色混凝土墙

图6-79　米拉公寓外观

图6-80　米拉公寓屋顶层空间

米拉公寓是高迪的代表作，这座建筑的墙面都是凸凹不平的曲面，屋檐和屋脊似蛇形曲线。（图6-80）。建筑物造型是模仿一座被海水长期浸蚀又经风化布满孔洞的岩体，墙体本身也像波浪起伏的水面。公寓的阳台栏杆由扭曲环绕的铁艺构成，酷似挂在岩体上的一簇簇杂乱的海草（图6-81）。米拉公寓的平面布置也非同一般，随处都是可见弧形线和面。

高迪还在米拉公寓房顶上设计了动物、植物、童话怪兽（图6-82、图6-83）。这些都是被赋予了特殊形式的烟囱和通风管道，后来也成了巴塞罗那的象征。

3．规则曲面

Thomas Heatherwick在南非创造了一座大型艺术博物馆——非洲Zeitz现代美术馆，建筑由一座传统的谷仓改造而来。英国设计师将这个项目描述为"世界上大的管状建筑"将成为世界上最重要的非洲艺术展览空间之一。Zeitz MOCAA博物馆改造是迄今为止最复杂的改造建筑。博物馆的中心围绕着一个巨大的中庭，它根据单个筒装结构而设计，建筑高度达27米（图6-84）。管道的切割边缘被磨光，从而与混凝土的粗糙形成鲜明的对比。夹层玻璃也具

图6-81 米拉公寓沿街立面

图6-82 屋顶凸出物

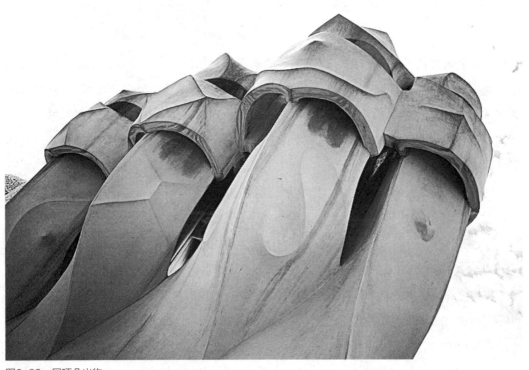

图6-83 屋顶凸出物

图6-84　非洲Zeitz现代美术馆中庭

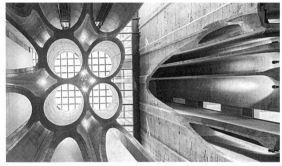

图6-85　美术馆中庭仰视

图6-86　非洲Zeitz现代美术馆建筑外观

有镜面效果，并且还有由非洲艺术家El Loko设计多孔图案（图6-85）。这个中庭可以容纳所有的展览空间。

　　建筑外部是由多面玻璃板构成的凸窗，这些窗户镶嵌在混凝土框架之中，阳光通过玻璃窗进入室内空间，从而形成万花筒般的视觉效果（图6-86）。"这种设计手法类似于镜面球体。"Heatherwick说，"你抬头看玻璃窗，就会反射出你的图像，但是一侧的部分会反射Table山，其他部分会发射Robben岛，顶部则反射天空中的云。"

图6-87　现浇混凝土施工现场

4．现浇混凝土施工工艺

现浇混凝土是在施工现场支模浇注的混凝土，目前大多数建筑物均是采用此种方法建造而成。现浇混凝土工程包括混凝土制备、运输、浇筑捣实和养护等施工过程，各阶段过程彼此影响，其中任何一个施工过程处理不当都会影响到工程的最终质量（图6-87）。

近几年来，混凝土外加剂技术的发展和应用推动了混凝土的性能和施工工艺进步。自动化、机械化的发展和新的施工机械和施工工艺的应用，也优化了混凝土施工过程。混凝土具有原料丰富，价格低廉，生产工艺简单的材料优势。

1）混凝土的制备

混凝土的配料按一定的配合比，应保证结构设计对混凝土强度等级及施工对混凝土和易性的要求，并应符合合理使用材料、节约水泥的原则，必要时还应符合与使用环境相适应的耐久性如抗冻性、抗渗性等方面的要求。

接着运用搅拌机对水、砂、石子等物料进行搅拌，以加强混凝土强度。按工作原理分类可将搅拌机分为自落式和强制式两类。

自落式搅拌机的工作原理是将物料提升到一定高度后，利用重力的作用，自由落下，由于各物料颗粒下落的高度、时间、速度、落点和滚动距离不同，达到搅拌均匀的目的（图6-88）。

强制式搅拌机的工作原理是利用叶片搅动的能量将物料颗粒分别向各个方向产生运动从而使各物料均匀混合（图6-89）。

2）混凝土的运输

混凝土从拌制地点运往浇筑地点有多种运输方法，选用运输方法时应根据建筑物的结构特点、总运输量与每日所需的运输量、距离、现有设备情况以及气候、地形、道路条件等因素综合考虑。

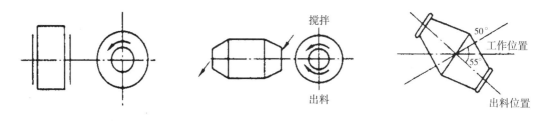

图6-88 自落式搅拌机工作原理

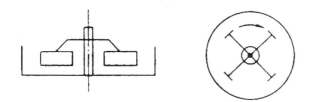

图6-89 强制式搅拌机工作原理

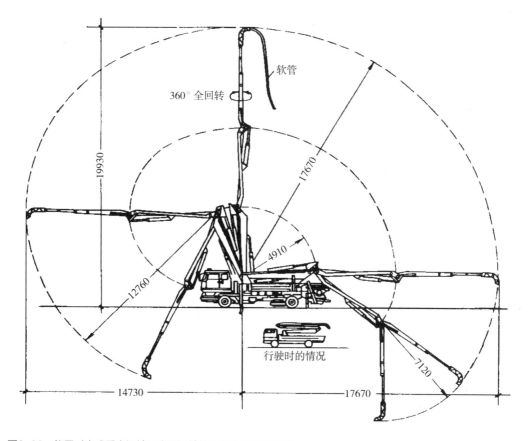

图6-90 能同时完成垂直运输和水平运输的混凝土泵车布料杆

混凝土的运输分为地面运输、垂直运输和楼面运输三种情况（图6-90）。a. 混凝土如采用商品混凝土且运输距离较远时，混凝土地面运输多用混凝土搅拌运输车；b. 混凝土垂直运输，我国多采用塔式起重机、混凝土泵、快速提升斗和井架；c. 混凝土楼面运输，我国采用以双轮推车为主，有时也采用机动灵活小型机动翻斗车。

3）混凝土的浇筑

在浇筑混凝土之前，应检查控制模板、钢筋、保护层和预埋件等的尺寸、规格、数量和位置。除此之外，还应检查模板支撑的稳定性以及接缝的密合情况。浇筑时一旦开始施工循序渐进，采用分层浇筑方法，保证上、下层浇筑间隔不超过初凝时间，整个过程应保证连续进行。

4）混凝土的振捣

振捣的目的是排除混凝土浇筑产生的气泡，使混凝土密实结合，消除混凝土的蜂窝麻面等现象，以保证混凝土构件的质量。根据混凝土泵送时自然形成坡度的实际情况，在每个浇筑带的前、后布置两道振捣器。第一道布置在卸料点，主要解决上部的振捣；第二道布置在混凝土坡角处，确保下部混凝土的密实，为防止混凝土集中堆积，先振捣出料口处混凝土形成流淌坡度，然后进行全面振捣（图6-91）。

混凝土的振捣分为人工振捣和机械振捣。机械振捣按工作方式主要分为内部振动器、表面振动器、外部振动器。目前常用的振捣器如插入式振动器、平板振动器等（图6-92）。

5）混凝土的表面处理及养护

振捣完成后，应对现浇混凝土进行表面处理。由于泵送混凝土表面水泥浆较厚，在浇筑第三层混凝土后应按预先设定标高用长刮尺刮平浮浆。然后用木槎板反复搓压数遍，使其表面密实（图6-93）。

最后进行养护工作（图6-94），为了保证混凝土有适宜的硬化条件，防止早期由于干缩产生裂缝，混凝土浇筑完毕后应采取保湿养护法，即对其表面加以覆盖和浇水，根据温度计

图6-91　振捣工作现场照片

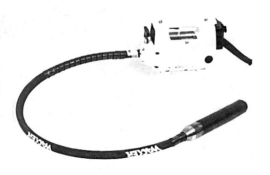

图6-92　插入式振捣器

图6-93　混凝土表面处理现场

图6-94　现浇混凝土施工现场

算结果决定养护的材料种类和厚度。混凝土浇筑完毕后，应在12小时以内在其表面覆盖塑料薄膜和浇水并在上部覆盖保温棉毡。浇水次数应能保持混凝土有足够的润湿状态，当混凝土需补充水分时，在薄膜上开小孔用软管进行补水并养护。

6.5.3　具有镂空感的构造法

1. 水泥砌块镂空

这种镂空方式和前文提到的砖石镂空构造法十分相似，都是以块状为单元进行组合创造具有镂空感的墙面。

1）矩形镂空

本节分析的矩形镂空是指单元水泥砌块的镂空部分为矩形或者规则性状，构成的墙面也大多规矩、严整。

GU2787公寓大楼，建筑师将建筑尽可能地占满基地，从而形成一个穿孔状的大体量盒子，在立面的边缘形成庭院以及露台，再通过预制混凝土穿孔表皮，从而隔绝外部的噪音，并且为内部空间带来隐私感，也用于调节光线以及遮挡外部人员的视线（图6-95、图6-96）。

建筑的结构和表皮主要由钢筋混凝土构成，就外部单元的延展性来说，这种材料从某种程度上增加了渗透性。外表皮则采用了可在现场预制的轻质混凝土块（图6-97~图6-99）。

图6-95　GU2787公寓大楼建筑外立面　　　　图6-96　GU2787公寓大楼建筑外表皮细部

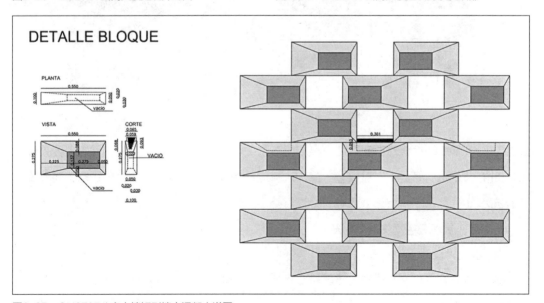

图6-97　GU2787公寓大楼矩形镂空混凝土详图

图6-98　GU2787公寓大楼矩形镂空的室内效果

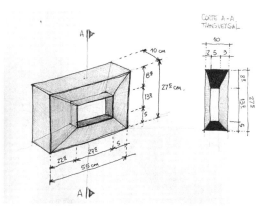

图6-99　GU2787公寓大楼矩形镂空混凝土砌块尺寸

图6-100　"最美卫生院"的立面效果

2）曲线形镂空

除了矩形透空之外，还有镂空部分为不规则的曲线形态，相比常见的矩形透空法，这种方式构成的立面更具有视觉冲击力。

另一个案例是为了解决中国农民"因病致贫"问题，香港沃土社出资180万，与政府、建筑师合作，在湖南保靖昂洞建造了一座"最美卫生院"（图6-100）。中国农村最大的困境，是没有资金和基础设施。建筑师的个人追求与现实的矛盾，会在这里更加突出，如何降低建造成本解决问题成了关键。

建筑外立面材料是由当地拆除的青砖搭建，建筑师聪明地选择了另一种肌理来处理内院的墙体。圆洞表皮体现光影的变化（图6-101），不让建筑显得沉闷压抑。为了顺应光照效

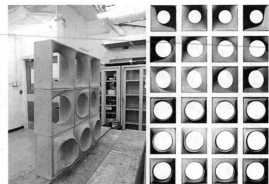

图6-101 "最美卫生院"的圆洞表皮在室内的投影效果　　图6-102 圆洞混凝土砌块的铸造模具

果，建筑师测试了不同孔径和方向的砌块。最终选择了3种用在了建筑中。设计开发了一个灵活的铸造模具，可以改变方向和孔洞的距离。经确认后进一步制作塑型模具，再由当地批量生产混凝土砌块（图6-102）。

通风采光、廉价维护的基础要求与设计的趣味性结合到了一起，这给建筑带来了意外的生气。"低技派建筑"实现了参数化设计的效果。

2. 整面墙体镂空

不同于水泥砌块的镂空，整面墙体镂空法更加自由随意，镂空处的形状也趋于随机。

1）细腻的墙体镂空

这种镂空法指当整个立面的镂空面积比较大甚至成为立面主角时，会创造一种具有朦胧感且细腻的立面效果，也更为精致，营造出一种半透明的表面机理。

德国朗盛集团在柏林为著名的建筑师颁发了第三届彩色混凝土工程奖，以表彰他们在彩色混凝土的使用中所取得的特殊的成就。"欧洲文化遗产博览会"（MuCEM）项目（图6-103）。该建筑物共由1100立方米的混凝土——预制混凝土板和250立方米的现浇混凝土构成。

功能和颜色是影响评委决定的因素。MuCEM的通风功能由网状混凝土结构提供（图6-104），这样能够让普罗旺斯的阳光进入建筑，创造出独特的光影效果。建筑位于旧港口的外端，这里是马赛的文化和历史中心，具有深色色彩的MuCEM与历史悠久的圣让堡的米色外观形成一种迷人的对比效果。在这个历史悠久的重要区域，Ricciotti的建筑以教科书般的平面和水平轮廓创造出属于自己的身份。

Ricciotti有意选择黑色混凝土作为这个项目的建筑材料，由高强度混凝土制成，将通风、采光和坚实的持久性能在技术上融合。对于Ricciotti来说，该项目必不可少的因素是建筑与环境和谐。同时，尽管建筑场地受到天气影响，如潮湿，海洋空气等，他也希望能够确保建

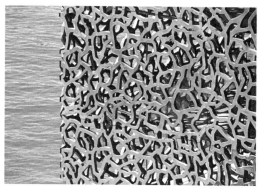

图6-103　MuCEM的外观效果　　　　　　　图6-104　MuCEM外立面的网状混凝土结构

筑外观和表面质地长期保持完美无缺。在这样的地理环境下，建筑的立面涂层无法长时间保持。因此，建筑师决定使用朗盛集团的Bayferrox330和Bayferrox 318颜料来调整整体色彩。由于其具有特殊的光稳定性和耐候性，这些着色颜料特别适用于预期至少100年的混凝土材料。

2）大块镂空

大块镂空指墙面中镂空与镂空处的间隔面积较大，建筑整体仍以实墙部分为主体，镂空只是作为立面的装饰角色出现。

3. 预制混凝土工艺

预制混凝土，顾名思义，就是在预制生产厂家生产完成，然后再运送到施工现场直接装配的混凝土材料。然而笔者认为，如果将这个概念外延，那么所有的非现场浇筑成型的混凝土材料，都可以称为预制混凝土材料。前文已经叙述过，混凝土这种材料本身存在着工期长，施工时受气候影响较大的局限性。并且，施工现场浇筑混凝土同时也存在着浪费时间，浪费人力的情况。因此，预制混凝土的产生也是有它的合理性的。

第一次世界大战后，欧洲各国被破坏得较为严重，如何解决大量被破坏的住宅的重建，是各国共同面对的问题。人们首先认识到，廉价的混凝土是解决大量住宅需求的良好途径，然而混凝土的局限性使得这种问题很难短时间内被解决，并且受到当时的结构理论和计算水平以及施工水平的限制，现浇构件的强度也很难保证。而预制混凝土构件不但可以避免这些缺点，而且有工厂大量生产又能够满足大量的住宅建设的需求，因而预制混凝土装配住宅开始出现并有所应用。

预制是先在工厂里制作成混凝土构件，然后运送到施工现场进行装配连接，形成装配式混凝土结构；现浇是在施工现场将混凝土直接浇注入模成型，形成整体混凝土结构。

但是，混凝土从液态向固态的转化是不可逆的，坚固的混凝土不能像钢材那样在高温下可熔化成液态，预制混凝土构件也不能像钢构件那样可以通过焊接熔合成一体。就确保混凝土建筑结构的整体性和安全性而言，混凝土在施工现场浇筑成型才能真正发挥其独特优势，这是其他材料无可比拟的。而预制混凝土构件通过技术措施连接后形成的装配式混凝土结构，无论在理论上还是实际上，其整体性和安全性都不如现浇混凝土结构；预制构件之间的连接通常采用现浇混凝土（或采用钢筋套筒灌浆），也就是将伸出两个构件的钢筋（俗称：胡子筋）共同锚固在现浇混凝土中来实现的，现浇混凝土与预制混凝土构件只是粘接而已，没有也不可能连结成整体。因此，构件连接部位是装配式混凝土结构的薄弱环节，处理不当就会形成安全隐患，还可能发生渗漏和结露，解决构件的连接及防水、保温问题并确保其可靠性、耐久性，历来是国内外研究的技术关键，而现浇混凝土则不存在这些问题，这也是近30年现浇混凝土取得迅速发展和广泛应用的直接原因之一。

6.6　本章小结

混凝土最大的特点就是它的可塑性，可以根据任何设计想法浇筑成理想的建筑形体，这是其他建筑材料不能达到的。混凝土作为建筑结构构件，可以表现建筑结构受力特征。混凝土具有良好的流动性、凝固、硬化定型特性，可以将模板的纹理原封不动的拓印下来，混凝土饰面可以创造出丰富多彩的纹理和质感。建筑师在设计时需要深入体会这些特性并巧妙加以利用（表6-6）。

混凝土表面不同构造形式所对应的纹理分析　　　　　　　　表6-6

类型		分析		
表面构成	墙体分割	①横向分割		
		指分割而成的形状的边长在水平方向上长于竖直方向，构成的立面可以使得建筑更加稳定具有延伸感，给人以平和、静止安定之感		
		②纵向分割		
		这种方式不仅可以起到竖向划分扁平体块的作用也可以使建筑表现出向上、运动的趋势与生长感，会让建筑看起来更加高耸，凌厉		

类型		分析		
表面构成	墙体分割	③细致分割		
		墙体被划分成了很小的单元，这些小单元大大提高了界面的"耐读性"与内涵特征，使空间富有层次感并耐人寻味		
	具有纹理感	①不规则纹理		
		这种方式构成的立面比较活泼，打破了传统简单竖向或横向分割的拘束，赋予立面焕然一新的面貌		
		②灯芯绒纹理		
		灯芯绒混凝土表皮是一种特殊的立面形式，它一般呈非常细腻且凹凸有致的条纹状，大大丰富了见面的趣味性，还有一种粗犷之感		
具有镂空感的构造法	水泥砌块镂空	①矩形镂空		
		本节分析的矩形镂空是指单元水泥砌块的镂空部分为矩形或者规则性状，构成的墙面也大多规矩、严整		
		②曲线形镂空		
		除了矩形透空之外，还有镂空部分为不规则的曲线形态，相比常见的矩形透空法，这种方式构成的立面更具有视觉冲击力		

续表

类型		分析	
具有镂空感的构造法	整面墙体镂空	①细腻镂空	
		这种镂空法指当整个立面的镂空面积比较大甚至成为立面主角时，会创造一种具有朦胧感且细腻的立面效果，也更为精致。仿佛为建筑蒙上了一层纱，具有半透明感	
		②大块镂空	
		大块镂空指墙面中镂空与镂空处的间隔面积较大，建筑整体仍以实墙部分为主体，镂空只是作为立面的装饰角色出现。实体和镂空处的面积都较大	
形体塑造	不规则的塑形	这种塑形将混凝土的特性发挥到了极致，建筑形体非常自由、随机，强调曲线的自然感，更像一种雕塑	
	规则塑形	规则曲面指设计塑造的形体尚有规矩可循，例如常见的圆柱体、圆台或者其他较为规则的曲形形态	

第7章 多种建筑材料的组合

在本书的前几章中，我们分别讨论了砖石、木材、玻璃、金属以及混凝土等材料作为单一建造材料的感官属性、艺术表现力以及营造方法。而当不同类型、纹理、色彩、质感的建筑材料同时出现时，建筑师们需经过认真地审视思考，实践和总结，了解材料的深层情感内涵，将它们有机巧妙地结合与搭配，才能创造出优秀、动人的作品。

7.1 常用建筑材料的感官特性比较

在形成已久的建筑活动中，人们已经潜移默化地形成对各种材料感官特性的认知。每一种材料都有其独一无二的质感和肌理特征，体现的材料性格也多种多样。下表将从材料的视觉特性、触觉特性和所带来的情感特征三方面对一些设计中常用的材料进行比较分析（表7-1）。

不同材料的感官特性比较 表7-1

序号	材料	视觉特性	触觉特性	情感特征
1	砖石	厚重、沉静	冰凉、坚硬	质朴、深沉、有序、理性、庄重
2	木材	原始、质朴	温暖、质感	亲切、含蓄、朴素、舒适、雅致、温馨
3	混凝土	坚实、淳厚	粗糙、稳固	粗犷、肃穆、理性、冷漠
4	金属	前卫、光亮	冰冷、光滑	机械感、张扬、简洁、动感、华丽
5	玻璃	通透、现代	冰冷、光滑	虚幻、浪漫、明亮、柔美、精致
6	竹、藤	自然、挺拔	坚挺、柔韧	古朴、自然、原始
7	塑料	轻巧、现代	轻盈	活泼、明快、轻盈

（资料来源：作者自绘）

人们通常会在经过观察、触摸之后，对不同材料产生不同的情感体验。了解不同材料与人之间的情感连接效应，才能创造出在最大程度上尊重、理解并去贴合人们感受的作品，使建筑蕴藏的精神与人的体验情感之间达到真正的共鸣。本书将五种常用的建筑材料：砖石、木材、混凝土、金属和玻璃，进行两两组合，分析它们的组合特征及带来的感官体验和艺术氛围，进而将它们分为拥有相似性格和相反性格这两大类组合方式（表7-2）。

五种材料两两组合形成十种组合方式，其中四组相似性格材料组合，六组相反性格的材料组合（表7-3）。众所周知任何一个建筑作品也不会仅限于单一材料的使用，这里的分析只是指大体由这两种材料为主要材料的建筑作品，下文将以表7-3为线索展开分析。

不同材料组合的性格特征　　　　　　　　　　　　　　　　　表7-2

	砖石	木材	混凝土	金属	玻璃
砖石					
木材	原始、古老、自然、亲切、和谐				
混凝土	粗糙、沉稳、厚重坚实、冷峻严肃、传统	温暖、亲切、人性化、自然			
金属	深沉、冰冷、现代、对比	视觉冲击、质感对比	现代、科技、工业化、坚硬		
玻璃	沉稳、冰冷、冲击力、对比	冷暖对比、亲切、质感对比	虚实对比、现代、冷静、冰冷	机械化、信息化、前卫、现代、冰冷	

（资料来源：作者自绘）

材料组合分类　　　　　　　　　　　　　　　　表7-3

相似性格的材料组合——协调	相反性格的材料组合——对比
1 古朴与自然——砖石与木材的组合	1 传统与现代——砖石与玻璃的组合
2 原始与狂野——砖石与混凝土的组合	2 精巧与厚重——金属与砖石的组合
3 肃穆与温厚——混凝土与木材的组合	3 古老与时尚——木材与玻璃的组合
4 现代与前卫——玻璃与金属的组合	4 天然与高技——木材与金属的组合
	5 粗犷与细腻——混凝土与金属的组合
	6 轻盈与粗糙——玻璃与混凝土的组合

（资料来源：作者自绘）

7.2　相似性格的建筑材料组合

本文分析的相似性格的材料简言之就是具有协调或相似的感官特征的材料，比如：古朴与自然——砖石与木材的组合；原始与狂野——砖石与混凝土的组合；肃穆与温厚——混凝土与木材的组合；现代与前卫——玻璃与金属的组合。

7.2.1　古朴与自然——砖石与木材的组合

1．材料特征

砖石与木材的来源都很广泛，易于取材，自古以来就在建筑中被定为首选，因此两者都具有长久的"建筑历史"特征，均能呈现出深厚的文化感和悠久的历史感，令人怀旧。在人们心中也多以"地域性材料"或者"乡土材料"存在。

虽然砖与木材都是取之于自然，直接或者经过加工处理后再应用于建筑中，但两者也有着不同的属性。比如木材实质偏软，比较柔韧；而砖实则偏硬，性格属粗犷。两者的特性和谐一致和互补，它们协调混搭创造的效果在建筑中广泛应用。

2．砖石与木材的组合方式

1）砖石基座+木结构

在乡土建筑中一般组合方式都是由木材做结构，砖石作基础或者围护结构，这与它们本身的材料性质有关。砖石具有很好的防潮、防水特性，并且抗压强度高，十分适宜充当建筑底部"基础"的功能，这里提到的基础是作为建筑两段式的"底部一段"出现的。而木材的结构性能使它顺理成章成为建筑的"上段"，既避免潮湿又很好地发挥了力学性能。因此木结构与砖石基础的搭配就显得顺理成章了，体现了地域文脉特征。

如位于云南丽江的江湖完小，考虑到远处玉龙雪山的雪白景色，建筑的实墙部分选用了当地丰富的白色石灰岩，与风景巧妙地融为一体（图7-1）。石基座上部则是木结构，经过精细加工处理的褐色木材应用在与石材交接的部位，于乡土建筑中呈现一种和谐的整体感（图7-2、图7-3），同时将建筑很自然地与周围的黏土砖民居融为一体。

设计中石材与木材无论从色彩、形状、质感还是肌理效果，都充满了对比。石材在木材的衬托下显得更加粗犷和坚实，而木材在石材的对比下显得更加细腻和温暖。所以两种具有

图7-1　江湖完小
（资料来源：《世界建筑》）

图7-2　材料交接部位
（资料来源：《世界建筑》）

图7-3　立面效果
（资料来源：《世界建筑》）

相似性格的材料在一起组合也可以以对比的形式呈现，这种对比不是掩盖或否定对方的特点，而是充分衬托对方的艺术特性，这实则也是一种和谐一致。

2）木表皮+砖石表皮

这种方法是指将砖石和木材大面积地应用在建筑表皮上，形成丰富的立面肌理。

四川成都的天空别院建筑以灰砖为主要立面材料，在门窗洞口附近搭配以古铜色的片状木材拼接（图7-4）。立面砖采用错开一定倾斜角度的砌筑法，创造了一种极具毛糙感的立面效果，奠定了以粗犷为性格基调的建筑形象（图7-5）。

砖木的混搭在和谐一致的同时，两者的软硬程度与色调间的冷暖也形成强烈的对比，并创造了明晰的几何形式效果（图7-6）。别院屋顶使用了瓷砖，为了调节适应不平整的屋顶条件，设计选用不同瓷砖单元之间的缝隙和瓷砖精细的段面，大量的瓷砖形成极具特点扭转

图7-4　天空别院
（资料来源：在库言库网）

图7-5　建筑立面
（资料来源：在库言库网）

图7-6　立面细部
（资料来源：在库言库网）

图7-7　米尔住宅

（资料来源：在库言库网）

的屋顶景观。设计利用一种特定的建筑材料，实现了较大的几何形式效果。

又如乡土设计事务所完成的米尔住宅（图7-7），设计将原有建筑保留下来的独立墙体加入到新设计中，以此作为对原始建筑样貌的尊重与纪念。设计并没有简单的复制原有的形式，而是选用了与原粗糙石墙色彩相协调，形状、质感和肌理相冲突的木材作为二层建筑表皮的主基调。营造出集三种矛盾：既粗犷又细腻；既质朴浑厚又温暖亲切；既复杂又和谐为一体的氛围，展现出深厚的文化底蕴。

7.2.2　原始与狂野——砖石与混凝土的组合

1. 材料特征

混凝土的建筑属性和砖石相似，二者都以厚重感、堆砌感和丰富质感为特征。当代混凝土材料已经焕然一新，不同于以往隐藏在建筑结构内的混凝土，它已经成为一种独立且富有个性的建筑材料，它的可塑性是在实际应用中最显著的特点之一，在与砖组合时相互衬托表达着二者的相似和相异。

2. 砖石与混凝土的组合方式

1）砖石表皮+混凝土结构

原始与粗犷的组合，形成对比或以相似性格呈现。

在法国的莱阿维尼翁中学，建筑通过暖色石材和浅色的混凝土一起塑造了一个温暖、祥和的中学校园（图7-8）。大部分建筑立面都使用混凝土材料，小面积立面采用了与混凝土形成互补的石材，从而避免了混凝土往日的肃穆和冰冷。这样就形成一种材料上的对话关系。石材的介入不仅提高了建筑的保温性，同时也为立面营造了一种新颖而温暖的效果。

阳光从教学楼主入口的顶棚圆形洞孔射入，照在采用光滑混凝土的顶棚和两侧墙上没有接缝的石材墙面上，尽显光华。混凝土一改往日冷峻、粗犷的特性，而以细腻、浅色的实体呈现，和暖色调的石材搭配在一起，混凝土也显出柔软温和的一面。

图7-8　莱阿维尼翁中学
（资料来源：筑龙网）

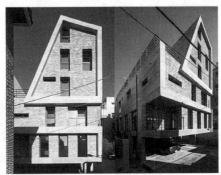

图7-9　立面效果
（资料来源：百度图片）

图7-10　立面肌理
（资料来源：百度图片）

2）砖石混凝土结构

砖通常沦为混凝土框架结构体系的填充物使用，二者本身都属较硬的材质，但仍然存在很多具有对比性的方面。比如混凝土的色彩偏冷，而砖却以暖色调为主，例如普遍应用的红砖。混凝土通常与红砖混搭组合，兼顾结构与装饰作用。如果把混凝土和砖作为装饰材料外露于建筑，扮演建筑立面中的主角，则会获得别样的装饰效果。

某建筑墙体以红砖作为立面效果的主基调，而裸露的冷灰色混凝土框架则居于次要地位作为对比（图7-9），构图上的主从关系十分明显。砖块规则、模数化地排列在一起，与混凝土贯穿整体的一致性又形成形新的反差，使得建筑立面不再单调，变得活泼起来（图7-10）。

7.2.3　肃穆与温厚——混凝土与木材的组合

1. 材料特性

木材与混凝土材料的搭配在建筑中十分常见，常采用的方式是把木结构置于混凝土结构之上。木材置于上方是其轻质、保暖的材料特性所决定的，而木材温暖的色彩和与生俱来的肌理给人温暖感和亲切感。当木材与冰冷、坚硬的清水混凝土结合时，就会形成强烈的反差对比；当与使用木模板浇筑而留下木纹纹理的清水混凝土组合时，就会形成另一种巧妙的和谐感（图7-11）。

图7-11 窗面板
（资料来源：谷德网）

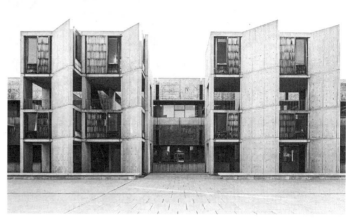

图7-12 萨尔克生物研发中心
（资料来源：谷德网）

2. 混凝土与木材的组合方式

1）混凝土结构+木表皮

混凝土结构搭配以木材的表皮手法在建筑中非常常见。

路易斯·康设计的萨尔克生物研发中心就采用了清水混凝土与木材的结合，二者组合呈现出的冷暖色差让人眼前一亮（图7-12）。混凝土肃穆、冷峻的性格与木材温暖、细腻的质感形成对比，创造了一种和谐的环境氛围。很好地体现了现浇混凝土粗野主义的结构风格，两种材料搭配及对比又和谐，别有一番韵味。

塔楼的混凝土墙体之间的窗面板选用了柚木材料，这种既持久又耐用的暗色木头能够很好地抵制当地带有咸味的空气对人感官体验产生的影响（图7-11）。

图7-13 建筑立面
（资料来源：谷德网）

最终，无论是自然材料柚木、灰华石或者橡木，抑或是人工材料玻璃、不锈钢和混凝土，在拉·霍亚的阳光、空气和雨水的作用下，融为一体，各自散发着它们自身材料性格魅力（图7-13）。

2）混凝土结构+木结构

完全裸露的清水混凝土和传统的木结构结合，给人野趣、原始之感，非常适宜乡土气息的建筑。二者都是厚实、牢固的结构用材。

位于日本神户六甲山脚下的帽子住宅，建在一个安静的住宅区里，建筑师在设计中将混凝土结构和木结构进行了巧妙地结合（图7-14）。建筑依附于梯田上的一面砖墙，住宅室内空间中

图7-14　帽子住宅
（资料来源：谷德网）

在不需要饰面材料的墙面和结构部件之处，都保持了完全裸露原始样貌的形态。小巷内部的墙壁与建筑的外墙选材上都选用了混凝土，工作室的内部墙壁也未经涂抹，保留材料原有的样貌。建筑主体下部为灰色混凝土，上部以及屋顶为木结构，营造了一种舒适、牢固、适宜的空间氛围。

7.2.4　现代与前卫——玻璃与金属的组合

1．材料特性

金属和玻璃同属于现代建筑中的新材料，新技术和新工艺是它们最能被人联想到的特点。二者具有很强的时代特征，强调技术性与结构美的统一。

玻璃与金属相互牵制相互衬托，金属只有在玻璃的映衬下才更显其刚劲和精巧之感，而玻璃也只有依托金属的支撑才能尽情展示自己的特点，给人们带来惊喜。钢材与玻璃这种拥有着谐和而又有对比性的组合方式较为自由，由于玻璃自身的特性所致，它常常以面材的形式出现在建筑中，而钢材强度高、硬度大、耐磨性强，而且有良好的弹性和韧性，可加工性强，因此钢材可以以线、面、体等多种形式出现。

2．玻璃与金属的组合方式

1）钢结构+玻璃窗

玻璃与线性钢材的组合是最常见的一种建筑立面处理方式，这种组合方式有两种情况。其一，钢材仅仅充当结构上的承重功能，起到支撑的作用，突出玻璃面材的通透之感，这种情况下钢材是配角；另一种情况是钢材不仅仅充当结构支撑物，其本身在通过形态的塑造作为立面出色的装饰物。

在Vitoria-Gasteiz历史中心，由许多轻盈的中空钢管取代了传统的工字钢支撑起整个建筑（图7-15）。这些结构就像玻璃窗一样，大大提高了建筑内部的通透度，创造了良好的空间体验氛围。

"历史电梯"表皮的设计看似复杂实则简单，采用了不断旋转的有不锈钢外框的玻璃外壳构成。创造了一种极具动感的室内空间氛围，而电梯高度逐渐变化，观赏者兴奋点会持续

图7-15　Vitoria-Gasteiz历史中心
（资料来源：谷德网）

图7-16　芬兰能源公司总部
（资料来源：谷德网）

保持，引入对于时间概念的体验，呼应建筑本身历史性的主题。

2）金属表皮+玻璃幕

这种组合方式一般是为了追求建筑大实大虚的对比效果，充分体现出钢材和玻璃各自的特性，两种材料的大面积碰撞会产生明确的空间形态对比关系，使整个建筑更加生动，富有感染力。面型钢材的形式也多种多样，可以

图7-17　立面效果
（资料来源：谷德网）

是实心钢板、穿孔钢板，甚至是由线性钢材经过一定秩序组合而成的视觉上的面型钢材。

芬兰能源公司总部周围的工业建筑正逐步转变为居住社区，场地三面环路，拥有绝佳的视觉位置。建筑外貌由柯尔顿钢，玻璃，金属板这三种不同材料，并经过适当的表面处理形成（图7-16）。其中柯尔顿钢是建筑立面的主要材料。它以三种穿孔密度形式布置于建筑外皮30厘米处，它们如丝带环绕在建筑外侧，成为室内遮阳的必要工具（图7-17）。不规则的

穿孔图案和柯尔顿钢的柔和色调，让建筑立面异常引人注目。

7.3 相反性格的建筑材料组合

本书分析的相反性格的材料简言之就是会产生强烈对比、矛盾、冲突的感官特征的材料，此类组合能够产生强烈的视觉冲击力。比如：传统与现代——砖石与玻璃的组合；精巧与厚重——金属与砖石的组合；古老与时尚——木材与玻璃的组合；天然与高技——木材与金属的组合；粗犷与细腻——混凝土与金属的组合；轻盈与粗糙——玻璃与混凝土的组合。

7.3.1 传统与现代——砖石与玻璃的组合

1. 材料特性

玻璃与砖石的组合方式比较固定，通常砖石作为主要的装饰材料或结构材料出现，辅以面积占比较小的玻璃，其中，玻璃也可按照线、面、体的形态出现。此外，随着技术的发展，玻璃可以通过一定的刚度、强度加工制成玻璃砖，这也是一种当下很常见的建筑材料，将玻璃的通透性和砖的易组合性完美结合，很好地体现出建筑的婉约内敛之美。

玻璃与砖石的组合，可以看成是传统与现代、实与虚、古老与时尚的组合。砖石可以弱化玻璃的冰冷、孤傲，并赋予它文化性的特征。

2. 砖石与玻璃的组合方式

1）砖石结构+玻璃窗

这是最常见的一种组合方式，砖石为建筑的承重结构材料，而玻璃则作为窗户的功能出现，满足建筑的采光要求，这种组合可以充分凸显出砖石和玻璃的自身特性而又不失协调之感。

红砖美术馆的整面的砖石墙体可以充分体现出砖石的古朴质感，在整面墙体上开点窗或条窗，在视觉中心起到了点睛之用，使得墙面不至于过度单调，有实有虚更加衬托出砖石墙面不经修饰的质朴之感（图7-18）。

玻璃材质精细的工业化特征和砖石较为粗糙的质感形成了材料之间的粗与精对比，这种对比与材质间巧妙混搭大大增强了建筑的艺术表现。

另一个案例是新郊区的Feste别墅，是一个处在主要道路转角旁边的私人住宅。新规划要求建筑必须表现出一种现代感并要融入环境中（图7-19）。基地周围是传统的砖建筑，因此，建筑师如何选择材料以及如何应用则成为关键问题。为了表达主人的开放与热情好客，一层布置了很多大面积的连续开窗，但是这种灵活的开洞、落地窗、悬挑、平屋顶等建筑语言与周围的环境并不协调。所以建筑师为了缓和这一矛盾，在二层建筑表皮的材料选择上，应用了传统的石材饰面。在创造出具有几何构成感趣味的现代建筑的同时，也满足了规划中对新建筑融入于原有环境中的要求。

图7-18　红砖美术馆　　　　　　　　　　　图7-19　Feste别墅
（资料来源：作者自摄、谷德网）　　　　　（资料来源：作者自摄、谷德网）

图7-20　巴黎疗养院　　　　　　　　　　　图7-21　建筑立面
（资料来源：谷德网）　　　　　　　　　　（资料来源：谷德网）

2）砖石体块+玻璃体块

砖石体块+玻璃体块的组合方式由"面"形态升级到了"体"形态的组合，打破了砖石给人带来的复古、朴素之感，砖石与玻璃大实大虚的三维碰撞使建筑充满了现代感。

巴黎疗养院的建筑师以简洁、内敛而坚定的设计手法介入建筑（图7-20）。三个抽象的灰白色体量作为生活空间，分别被安置在建筑的三个半包围的位置上。立面采用了透明与磨砂玻璃无序拼接的手法，建筑直面城市，成为街道人们所欣赏的对象，其内部的生活场景也随之忽隐忽现（图7-21）。

新建的三个玻璃结构体由金属框架结构支撑起，一体化的梁柱楼板结构轻盈精巧，与厚重的砖石结构建筑形成鲜明而有趣的反差。室内纤细的钢柱看似无规则的散布在空间之中，而其中暗藏的主柱则以2.8米的间距贯通上下，从而稳定整体的建筑结构（图7-22）。新建建筑大都沿用了原有建筑结构空间尺度与形式，整个空间给人感觉均衡而和谐。

通过虚实对比，赋予了这座博物馆新的生命力。轻盈通透的玻璃体与沉稳厚重的石材形成鲜明的对比，带给人强烈的视觉冲击。

梵高博物馆入口门厅的改建将石材和玻璃应用地十分巧妙，设计的新门厅延续了黑川的椭圆形造型，使之整体性仍然很强。人们进入大厅之后会先进入地下一层，然后再到主体建筑内部。

图7-22　庭院空间
（资料来源：谷德网）

图7-23　梵高博物馆入口
（资料来源：谷德网）

图7-24　梵高博物馆入口
（资料来源：谷德网）

这个玻璃建筑的入口大厅宽敞透亮，与梵高画中的阳光气质相契合（图7-23）。独特的玻璃结构让人赞叹不已，创造了一种不同凡响的空间体验感。新的玻璃体块拥有精致的结构美与先进的技术系统，形体与原有建筑间的关系和谐一致（图7-24）。通透轻盈的玻璃体块与沉稳厚重的石材形成鲜明的虚实对比，赋予了这座博物馆新的生命力，带给人强烈的视觉冲击感。

3）砖石表皮+玻璃幕

古老的砖石与现代感极强的玻璃大面积拼接在一起，使整个建筑更加生动，富有感染力。

位于吉隆坡的升喜廊是个作为高端优秀商业建筑很成功的案例，法国奢侈品牌路易威登的旗舰店位于一个有着三层高天花的角落空间，大面积玻璃幕的设计绚丽而张扬，突显了品牌特质（图7-25）。石板和玻璃表皮以多变的角度相互拼接在一起，形成晶体般的多面体形态（图7-26）。这种时尚并具有视觉冲击力的建筑效果，是马来西亚首个同类型的建筑表皮设计案例，商场在众多琳琅满目的同类建筑中脱颖而出，材料的合理应用在此功不可没。

图7-25　立面效果

（资料来源：谷德网）

图7-26　升喜廊

（资料来源：谷德网）

7.3.2 精巧与厚重——金属与砖石的组合

1. 材料属性

金属的种类十分丰富，在建筑表皮中常使用的有钢、铝、铁等。不仅种类多样，因材料特性其形状也很丰富，有条状、板状、异形等。金属的肌理和光滑度比较单一，与砖石丰富的质感形成对比。金属一直以高技性、冷静理性、时尚前卫为代名词，这与砖石的古老、原始形成极强的反差。

2. 金属与砖石的组合方式

1）砖石结构+金属框架

这里提到的金属框架主要分为两种，一种是作为纯装饰的边框金属材料，另一种则是作为结构承重的金属框架。

位于墨尔本的坦普尔斯托储备运动馆，整个建筑墙面采用红砖，主入口利用钢材的可塑性创造出象形的运动衫和标志旗的运动元素（图7-27）。建筑主体屋顶摒弃了以往常见的坡屋顶或者平屋顶，取而代之的是一系列尖锐的"V字形"立面造型，顶部用金属进行包裹收边（图7-28）。入口处夸张的波浪状钢材雨篷以及连续V形墙上的金属包边，无疑都突出了建筑的动感。该建筑表皮巧妙地组合了砖与金属，两种材料的多重对比强化了运动建筑造型的流动之美。

图7-27　坦普尔斯托储备运动馆入口
（资料来源：arch daily网）

图7-28　建筑立面金属包边
（资料来源：arch daily网）

图7-29　瓦拉日丁住宅
（资料来源：arch daily网）

图7-30　内部空间
（资料来源：arch daily网）

　　而作为结构承重的金属框架的例子是瓦拉日丁住宅，由一传统、一现代两个建筑组成，其中现代建筑的设计灵感来源于老建筑。设计采用了几何线条明确的青色金属框架，以凸显它的现代建筑特征（图7-29）。而老建筑主体则是红砖墙，热情、古老红砖与冰冷、青色的金属两个矛盾的个体戏剧地出现在同一建筑表皮中，给人以独特的视觉效果（图7-30）。这样的组合搭配强劲有力地刺激了人们的视觉感官，鼓励人们一同体会建筑的艺术氛围。

图7-31 盖蒂艺术中心

（资料来源：谷德网）

2）砖石结构+金属表皮

当两种视觉效果对比性很强的材料进行大面积搭配组合时，会形成更大的视觉冲击。

盖蒂艺术中心的设计中运用了光滑的铝板和粗糙的毛石两种冲突性很强的材料（图7-31）。光泽度强的铝板体现的是人工性和高技性，而毛石的凹凸有致和粗糙感表达的是自然、原始的野趣性，两者在建筑中有着大面积的对比冲撞，体现的是天然和人工材料的对比。

7.3.3 古老与时尚——木材与玻璃的组合

1. 材料属性

木材和玻璃的组合，是一种通透程度的虚实对比，也是肌理的纯净与丰富的对比。木材没有金属、砖石等材料坚硬的质地，所以和玻璃的搭配形成的虚实对比要稍弱一些，得到的体验效果是一种温暖、干净感觉。

木材有与生俱来的丰富肌理，在加工、切割之后也会形成各不相同的肌理，当设计需要突出这种丰富而复杂的肌理时，就不能选择同样拥有丰富肌理感的砖石或者粗糙的混凝土，而光滑而简洁的玻璃作为背景则非常合适，人们的注意力很自然地落在了木材上。

木材色暖而厚实，玻璃无色而透明。二者算是一对互补的建筑材料，它们能在建筑中发挥出各自的表现特点。

2. 木材与玻璃的组合方式

1）木表皮与玻璃幕

这种组合方式由最普通的玻璃部件填充于木结构部件之间的手法升级而来，玻璃在建筑中是半透明状态，是一种梦幻、缥缈、轻盈的存在，同时可以映射周围环境。而木质表皮在

图7-32　出挑于玻璃幕的木质单元

建筑中与玻璃幕相撞时，木材的亲切、温暖与可靠则与玻璃幕的虚幻、冰冷形成鲜明的对比，创造一种有趣的建筑性格。

　　阿姆斯特丹老年住宅设计中，立面置入了大面积的玻璃幕，其间有一些大小不一的矩形木质单元出挑于这片玻璃幕墙之外（图7-32）。尽管玻璃组成的虚面占据了立面的较大面积，但由于通透度很高又缺乏丰富的肌理，人们很难第一眼就关注它，所以玻璃顺理成章成为突出实体的配角。相反的，出挑的木质矩形体块以厚实对比玻璃的轻盈，鲜艳的色彩对比玻璃的透明，以及丰富条纹肌理对比玻璃的光泽、平滑，进而成为立面效果中的主角（图7-33）。

　　2）木结构与玻璃罩

　　这种组合方式有玻璃罩位于木结构外围或者内部两种情况，前者的应用比较常见。玻璃作为表皮包裹在木构组织外侧时，是一种通过透明玻璃能洞悉玻璃之后的木结构的方式，是一种婉约而又大方自然的表现方式。反之对于木材来讲，在坚实、稳固、传统木的结构外包裹一层通透感极强的玻璃，内传统而外现代之对比效果立竿见影浮现在

图7-33　阿姆斯特丹老年住宅
（资料来源：谷德网）

图7-34　灯笼街亭
（资料来源：arch daily网）

图7-35　内部构造
（资料来源：arch daily网）

眼前，带来强大的材料冲击感。

在挪威桑内斯市中心的一座140平方米的木框架亭子，名为灯笼街亭（图7-34）。亭子内部的木质横梁结构具有很强的传的建筑风韵，而玻璃的加入则带来现代建筑的符号。混凝土底座上嵌入了粗大的橡木梁，用螺栓固定，木质框架是一个如雕塑般的几何空间。整个框架外围由玻璃罩包裹，设计没有选用一整面玻璃体，而是采用了层层错叠的拼贴手法（图7-35），使得立面效果丰富而多变，在不同角度形成不同的视觉效果，这种一片片垒叠就如同屋顶上覆盖着砖瓦一般（图7-36）。

图7-36　细部
（资料来源：arch daily网）

在白天，玻璃屋框架内部带来充足的光线，原本显得开放的木框架由于玻璃的包裹形成一个较为封闭的交流空间，方便人们使用；而夜晚，玻璃板又透着内部的灯光，整座亭子看起来就像一个光彩夺目的灯笼。

7.3.4　天然与高技——木材与金属的组合

1. 材料特性

木材与金属的组合，是两种对比很强烈的材料，前者是富有温暖感的自然材料，后者为冰冷的人工材料，充满了机械感。二者从材料的感官体验相比，无论是肌理、触感都处于两个极端，这样的组合能带来更多的可能性。另外，金属材料性能上有很多方面可以对木材起到补充作用，钢与木的组合时钢当作为受力结构是非常常见的。

2. 木材与金属的组合方式

1）木结构+金属表皮

传统的木构建筑一般多为纯木材料或者配以砖石等原始、古老的建筑材料，但当金属表皮与之发生碰撞时，又产生了新奇的视觉效果。

位于芬兰图尔库的圣亨利全基督教艺术礼拜堂，它的外表十分光洁，造型像一艘颠倒放置的船，礼拜堂位于一个布满松树的小山丘上（图7-37）。建筑表皮选用了铜与木，两者的结合极具对比效果。

金属包裹的山墙在阳光下显得非常耀眼，吸引人们的注意力，自然地成为视觉中心。铜质覆面的边缘随着时间和风雨的侵蚀，发生化学反应渐渐变成青绿色，仿佛是对周围的青葱绿荫的一种呼应。而木材的颜色随着时间的久远也逐渐泛红，初建时的稚嫩已不复存在，转而显得更为古老。两种材料在色彩上也形成鲜明的对比，室内空间采用纯木结构，营造神秘的艺术氛围（图7-38）。这个是一座用时间记忆的礼拜堂，外皮的岁月"痕迹"赋予建筑厚重的时间感。

图7-37　圣亨利全基督教艺术礼拜堂
（资料来源：《建筑时装定制：木材》）

图7-38　室内空间
（资料来源：《建筑时装定制：木材》）

图7-39 金海湖国际度假酒店

图7-40 外廊空间

图7-41 美国人口普查局总部
（资料来源：《建筑时装定制：木材》）

2）钢结构+木表皮

利用钢的强大受力性能做结构，结合以木质表皮，弱化了钢结构给人的冷漠、严肃之感。

金海湖国际度假酒店建筑因地制宜地将野奢定位融入视觉当中。外立面环绕着的建筑露台全部垂直排列了柴木，是酒店最大的特色，强化了"野"的风情，卵石垒起一道道拙朴自然的围墙（图7-39），木材作为建筑的主材与周围环境一同描绘出充满古韵的山水画作（图7-40）。

3）钢木节点

钢节点的介入是因为它能够便捷、有效地解决复杂的受力问题。可以创造跨度更大的木结构，并可根据造型要求塑造出丰富的建筑形象，弥补木结构不能达到的受力结构体系缺陷，与整体结构设计相结合，形成完整的造型设计。

美国人口普查局总部这座弧形办公大楼就利用了巧妙的钢木节点，创造了两层围合立面（图7-41）。面朝树林的立面表面由层压木百叶构建所覆盖，创造出具有阴影的斑纹图案，

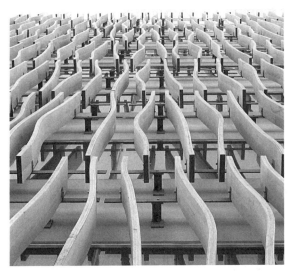

图7-42　立面节点
（资料来源:《建筑时装定制: 木材》）

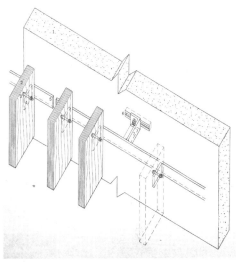

图7-43　节点构造
（资料来源:《建筑时装定制: 木材》）

同时也将自然光影引入办公室内部，使人联想到密林深处。

立面装有一万六千个曲线橡木薄板，远远望去就像是一面巨幅的百叶窗（图7-42）。绿色镀锌预制窗下墙与带状玻璃视窗位于鳍状木薄板之下（图7-43），使建筑与周边树林的色调有良好的呼应。

7.3.5　轻盈与粗糙——玻璃与混凝土的组合

1. 材料特性

事实上玻璃的透明性在与任何不透明的材料组合时，都会产生虚实对比的效果。当与混凝土的厚重产生对比时，玻璃通透、轻盈的特性可以将混凝土建筑的内部空间和建筑结构构件的美感衬托得淋漓尽致，两者组合的时候这些对比效果会引人注目。

2. 玻璃与混凝土的组合方式

1）混凝土结构+玻璃罩

玻璃罩将混凝土结构整体包裹在内部，制造出了若隐若现的朦胧之感，玻璃罩分为纯透明和半透明两种，分别营造不同的建筑氛围。这种组合方式又分为玻璃位于混凝土结构外围，呈包裹形式，以及玻璃位于混凝土结构内侧两种形式。

当玻璃罩以包裹形式出现在混凝土结构外侧时，会给人一种朦胧、虚幻之感。安藤忠雄设计的霍姆布洛伊美术馆，把混凝土和玻璃结合起来达到了动和静的统一（图7-44）。美术馆主要展览的是东洋美术和现代美术的藏品，因此安藤对于前者的设计选用了光线柔和的手法，突出安静、雅致的美术馆氛围。

图7-44　霍姆布洛伊美术馆

图7-45　C&P总部办公室
（资料来源:《建筑时装定制: 混凝土》）

图7-46　外廊空间
（资料来源:《建筑时装定制: 混凝土》）

　　东洋美术馆建筑主体由一个简洁的混凝土体块和外部包裹的透明玻璃盒子组合而成，从建筑外面能清晰地看到内部构造。美术馆延续了安藤以往的建筑风格，选用简洁、纯净的几何形式去体现美术馆的文化性格和艺术氛围。作品的创新点是在于材料的选择上，引入了玻璃框架和钢的元素，丰富了视觉效果和空间体验。

　　当玻璃罩位于混凝土结构内部时，又创造了一种新的建筑效果（图7-45）。如位于奥地利格拉茨繁华区域的C&P总部办公室，建筑摒弃繁华街道里常见的张扬玻璃幕形式，而一改形象，以一种清新的风格为这一新兴的城区带来了简洁明快的气息。

　　办公楼是一个简单的立方体盒子，最外层是裸露的梁柱混凝土结构，玻璃核心筒被包围在浮动的混凝土结构内部，而透明的办公空间被置于轻盈而对称的网格中，核心筒和混凝土结构之间的空间在每个楼层形成环绕的走廊区域（图7-46）。远看就形成一种混凝土框架体系内部，包裹着一个通透的玻璃盒子。

　　建筑立面被规则地划分成若干正方形，这些方形框架内有的是完全露天，有的则是蒙上

图7-47　叠云度假酒店
（资料来源：《建筑时装定制：混凝土》）

图7-48　建筑立面
（资料来源：《建筑时装定制：混凝土》）

了一层薄薄的幕布。在夜晚透过光线内部空间若隐若现，对比起全实材料它就显得轻盈、巧妙得多。自然光透过玻璃盒子和外部的浮动体量，为建筑赋予了层次上的连贯性。建筑的立面持续地暴露在自然光下，使用者可以根据需求拉下幕布，这也为办公楼带来了动态的观感。

2）混凝土+玻璃窗

这是一种很常见的组合方式，玻璃以其最普通的窗洞功能出现在表皮中，与混凝土粗糙、厚重的材料性格形成对比，虚实相间。

莫干山的叠云度假酒店外立面材质采用了灰色的混凝土为主材料，给建筑增添了几分冷峻、肃穆之感，而整面的大落地窗与之形成对比（图7-47）。酒店在周围众多的传统民宅中格外出众显眼，独特而又不张扬。静静地藏匿于这历史悠久的莫干山小镇中，犹如山水间一座原始的雕塑（图7-48）。

3）混凝土体块+玻璃体块

两种对比鲜明的材料大面积的碰撞，当混凝土结构位于建筑下方，会给人坚固、敦实之感；当玻璃体块位于下方给人轻盈、飘逸之感，有建筑浮于空中之象。

在安特卫普体育学校建筑设计中，坚硬的石材作为建筑的基础部分，而建筑上部则堆叠着一个轻盈的玻璃结构，映射着周围的街景。基础部分的混凝土和顶部的玻璃结构相互对抗，构成一个矛盾体。这两种反差极大、毫不相关的建筑语汇融合在一个建筑中，创造了有趣的紧张、急促感（图7-49）。

建筑上部的立面用了反光的材质使其和

图7-49　安特卫普体育学校

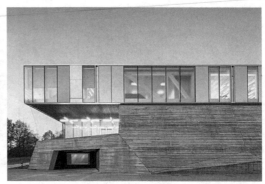

图7-50　建筑立面　　　　　　　　　　　　图7-51　材质对比

玻璃间隔无序排布，丰富了视觉效果。反射材料选用了全反射和半反射两种（图7-50），使得建筑立面上的图案更加多变有趣。周围环境的影像被反射在了建筑上，由于立面被不同的材料隔断，所以影像也是不完整的，耐人寻味（图7-51）。

7.3.6　粗犷与细腻——混凝土与金属的组合

1. 材料特性

金属具有很强的现代特征，其在建筑上的广泛应用使建筑的造型不再单一无趣，并创造了大批量生产加工的可能性。金属除现代特征以外，它最为人所熟知的则是得天独厚的工业美感。而清水混凝土与金属有着一样的灰色调外表，给人带来的是冰冷、坚硬的质感，所以可以巧妙地组合在一起。

2. 混凝土与金属的组合方式

1）混凝土结构+金属表皮

金属表皮可现代、时尚，也可复古、守旧，这主要看采用什么样的表皮构造方式、何种金属材料，以及如何与其他材料相结合。

丹下健三设计的东京圣玛丽大教堂的外观非常独特，建筑由八面混凝土墙体围合而成。建筑底部呈散开的形式，随着高度增加逐步向中心靠拢最后聚合在屋顶，给人以哥特式教堂般向上升腾之感（图7-52）。建筑表皮采用不锈钢面板，阳光反射在面板上绚丽夺目，仿佛给本来灰色、低调的清水混凝土建筑披上了一件耀眼、张扬的外衣。混凝土和金属的结合塑造了一个极具生命力和现代感的教堂，将西方的文化概念和东方的情感特点巧妙融合。曲线墙壁上的光影效果会随着阳光角度变化而变化，营造出一种神秘、庄重的室内艺术氛围（图7-53）。

另一种金属表皮结构则不同于圣玛丽教堂的实体表皮，而是呈现一种渐变的状态。Angle Lake中转站的立面使用了7500多块蓝色铝板，包裹于混凝土结构之外（图7-54）。由于主体的混凝土结构过于循规蹈矩，所以建筑师基于一种律动的美感，在外围外挂了一个与主

图7-52　东京圣玛丽大教堂　　　　　　　　　　　　　　　　图7-53　室内空间

图7-54　Angle Lake中转站　　　　　　　　　　　　　　　　图7-55　结构构造

图7-56　西部博物馆

体分离的金属表皮系统。这是一个用"两张皮"的形式处理外立面的典型手法，金属杆件以一定的韵律逐渐转动，形成一种带有动感的外层立面形态（图7-55）。

　　2）混凝土结构+金属框架

　　两种很有强度的受力材料的结合，给人坚固、可靠、肃穆之感。

　　如西部博物馆的设计，建筑师旨在让其成为整个艺术区的核心，展馆预计展示一些有关美国西部艺术和文化的文物。考虑诸多因素，建筑师引入了"牛仔"这一元素（图7-56）。

建筑结构采用了完全暴露的钢结构加向上倾斜的混凝土板，混凝土板是由大小不同的木板支模浇筑而成。建筑的上部采用耐候钢进行覆盖，同时形成雨幕系统。混凝土墙壁呈现出竖状线条密布排列的画面，给人极强的西部牛仔风。而古铜色的金属框架和金属面在此就显得格外恰当与和谐，体现出博物馆文艺、复古、做旧的艺术氛围。

7.4 本章小结

建筑材料本身都具有各自的特性和感官特征，都能给人带来不同的空间体验也能创造多样的艺术氛围，而当不同材料碰撞在一起组合时会产生或和谐一致或对比冲突的视觉效果，所以在设计中如何根据建筑空间功能的需要选择并组合建筑材料以达到最佳视觉效果是非常关键的问题。本章首先总结了五种常用建筑材料两两相结合时形成的感官属性特征，然后将它们分为相似性格与相反性格的材料两大类，在此基础上研究每种类别以何种方式组合在一起，以及在建筑中体现的艺术表现力以及蕴含的建筑性格。

本书提出的结论有利于建筑师认知材料的基本艺术特征及其所体现的审美价值，为今后建筑师能够恰当运用材料提供更多的参考。

1. 纵向比较（表7-4、表7-5）

相似性格材料的组合方式及其表现力　　　　　　　　表7-4

分类		组合形式	
相似性格材料的组合	砖石与木材	①砖石基座+木结构	②木表皮+砖石表皮
		在乡土建筑中一般组合方式都是由木材做结构，砖石作基础或者围护结构，这与它们本身的材料性质有关	这种方法是指在建筑表皮上利用砖石和木材大面积地应用，而形成丰富的立面肌理
	砖石与混凝土	①砖石表皮+木表皮	②砖石混凝土结构
		原始与粗犷的组合，形成对比或以相似性格呈现	砖通常为混凝土框架结构体系的填充物使用，如果把混凝土和砖作为装饰材料本身外露于建筑，则会获得别样的装饰效果

续表

分类		组合形式	
相似性格材料的组合	混凝土与木材	①混凝土结构+木表皮	②混凝土结构+木结构
		混凝土结构搭配以木材的表皮手法在建筑中非常常见，两种材料和谐一致	完全裸露的清水混凝土和传统的木结构结合，给人野趣、原始之感，非常适宜乡土气息的建筑
	玻璃与金属	①钢结构+玻璃窗	②金属表皮+玻璃幕
		玻璃与线性钢材的组合有两种处理方式：①钢材仅作为支撑物，突出玻璃的通透感；②钢材本身就是装饰物	这种组合方式一般是为了追求建筑大实大虚的对比效果，充分体现出钢材和玻璃各自的特性

相反性格材料的组合方式及其表现力　　　　　表7-5

分类		组合形式		
相反性格材料的组合	砖石与玻璃	①砖石结构+玻璃窗	②砖石体块+玻璃体块	③砖石表皮+玻璃幕
		砖石承重，而玻璃作为窗户出现，这种组合可以充分凸显出砖石和玻璃的自身特性而又不失协调之感	这种组合方式打破了砖石给人带来的复古、朴素之感，砖石与玻璃大实大虚的材料碰撞会使建筑充满现代感	古老的砖石与现代感极强的玻璃大面积拼接在一起，使整个建筑更加生动，富有感染力
	金属与砖石	①砖石结构+金属框架		②砖石结构+金属表皮
		金属框架主要分为两种，一种是作为纯装饰的边框金属材料，另一种则是作为结构承重的金属框架		当两种对比性很强的材料进行大面积的搭配组合时，便会形成更大视觉冲击

续表

分类	组合形式		
木材与玻璃	①木表皮与玻璃幕 这种组合方式由最普通的玻璃部件填充于木结构部件之间的手法升级而来，创造另一种有趣的建筑性格 	②木结构与玻璃罩 这种组合方式有玻璃罩位于木结构外围或者内部两种情况，前者的应用比较常见 	
混凝土与金属	①混凝土结构+金属表皮 两种很有强度的受力材料的结合，给人坚固、可靠、肃穆之感 	②混凝土结构+金属框架 两种很有强度的受力材料的结合，给人坚固、可靠、肃穆之感 	
玻璃与混凝土	①混凝土结构+玻璃罩 玻璃罩将混凝土结构整体包裹在内部，制造出了若隐若现的朦胧之感，玻璃罩分为纯透明和半透明两种，分别营造不同的建筑氛围 	②混凝土+玻璃窗 这是一种很常见的组合方式，玻璃以其最普通的窗洞功能出现在表皮中，与混凝土粗糙、厚重的材料性格形成对比，虚实相间 	③混凝土体块+玻璃块 当混凝土结构位于建筑下方，会给人坚固、敦实之感；当玻璃体块位于下方，则给人轻盈、飘逸之感，有建筑浮于空中之象
木材与金属	①木结构+金属表皮 传统的木构建筑一般多为纯木材料或者配以砖石等原始、古老的建筑材料，但当金属表皮与之发生碰撞时，又产生了新奇的视觉效果 	②钢结构+木表皮 利用钢的强大受力性做结构，结合以木质表皮，弱化了钢结构给人的冷漠、严肃之感 	③钢木节点 可根据造型要求塑造出丰富的建筑形象，弥补木结构不能达到的受力结构体系，与整体结构设计相结合，形成完整的结构造型设计

（资料来源：网络收集、作者自绘）

注：表格最左侧纵向标注"相反性格材料的组合"

2. 横向比较

建筑师除了要对每一种单一建筑材料的特性深入了解外，还要进行横向比较，本文总结分析了五种常见建筑材料在色彩、肌理和性格特征三方面的特性（表7-6）。

不同建筑材料的特性　　　　　　　　　　　　表7-6

	材料	色彩	肌理	性格特征
1	砖石	暖色调的红黄砖系和冷色调的青灰砖系	既规整精确，又丰富多变	质朴、深沉、有序、理性、庄重
2	木材	低调、温和内敛，通常没有十分强烈、鲜明的纯色	木材的生长纹理有着与众不同的亲切美	亲切、含蓄、朴素、舒适、雅致、温馨
3	混凝土	常见的为低调的灰色系、米色系	由于浇筑模板的种类多样形成不同的表面肌理	粗犷、肃穆、理性、冷漠
4	金属	材料种类繁多所以色彩也很丰富多样	主要是由于生产工艺的不同形成多种肌理	机械感、张扬、简洁、动感、华丽
5	玻璃	色彩丰富多样，使建筑更加活泼、生动	主要是由于生产工艺的区别而造成的	虚幻、浪漫、明亮、柔美、精致

（资料来源：作者自绘）

在众多建筑材料中，玻璃是最具特色、最特殊的材料之一，经过前文的分析可以看出玻璃在与任何材料组合时，都能将自身的透明性特点发挥到极致。

这里以玻璃材料为主，分析总结了当其与砖石、木材、混凝土及金属四种材料分别以不同方式组合时所体现的艺术表现力（表7-7）。

其中组合类型有三种：

①玻璃与其他材料进行大面积对比组合；

②玻璃以玻璃罩的方式出现，包裹住其他建筑材料，可以通过玻璃罩看到内部；

③玻璃与其他材料以体块的形式组合，是追求大实大虚的组合。

不同材料与玻璃的组合　　　　　　　　　　表7-7

材料类型	组合类型		
	玻璃与其他材料均面积大	玻璃罩包裹	玻璃体块与其他材料体块
	玻璃	玻璃罩	玻璃体

	组合类型		
玻璃与砖石	古老与现代的碰撞，强大的视觉冲击力 	现代的外表下隐藏着具有古老韵味的材料 	大实大虚的材料碰撞会使建筑充满现代感
玻璃与木材	传统与时尚的结合，创造耳目一新的建筑立面 	现代的外表下包裹着传统的木构件，矛盾对比 	形成强烈的视觉冲击感，原始与前卫的组合
玻璃与混凝土	精致与粗糙的对比，形成极大反差 	细致的玻璃罩内透出混凝土的粗糙性格 	厚重与轻盈的组合，使得建筑造型更加丰富
玻璃与金属	现代元素的集结，极具当代的前卫和时尚感 	非常和谐的组合，金属一般以框架形式出现 	非常具有前卫、现代感的组合方式

（资料来源：网络收集、作者自绘）

由表格可以看出，玻璃在与不同建筑材料以相同方式组合时，所产生的艺术表现力和文化氛围不尽相同。与砖石、木材组合时，玻璃的现代感就会被削弱，而与金属组合时，建筑的时尚、前卫感就大大加强了。

	砖石	木材	混凝土	金属	玻璃
砖石			粗糙、沉稳、厚重坚实、冷峻严肃、传统		
木材	原始、古老、自然、亲切		温暖、亲切、人性化、自然		
混凝土					
金属	深沉、冰冷、现代	视觉冲击、	现代、科技、工业化、冰冷、坚硬		
玻璃	沉稳、冰冷、	冷暖对比、亲切	虚实对比、现代、冷静、冰冷	机械化、信息化、前卫、现代	

第8章 结 语

建筑文化品质之材料营造涉及的学科理论包括建筑学、建构美学、建筑现象学、环境心理学、力学、材料学等。建筑是由多种材料通过合理的结构及构造方式建造的，是技术与艺术的结晶。从某种角度来说，一部建筑的历史可谓是一部建筑材料及其营造的发明史。建筑材料的合理选择和运用是建筑设计的重要组成部分，而建筑形式可以说是材料设计语言的构成结果和外在体现。对这一主题的研究应结合材料物理属性、功能属性，重点从材料的文化性这一特殊视角展开。

建筑材料的审美特征是本书研究的基础。对单一材料以及两种材料组合的视觉效果及其营造方式的分析是一种有效的研究途径。影响建筑审美有三个方面的因素：建筑形式美规律、地域及文化、知觉体验和心理情感。从设计思维与方法、材料知觉与建筑体验的关系这两个角度，可以梳理基本的建筑材料的组合方式，并分析其艺术表现力以及表达的文化品质。

通过本书的研究，我们获得以下启示和结论。

1. 建筑的文化品质之材料营造

建筑材料的艺术性主要通过建筑表面色彩的冷暖感、质地的粗糙或细致感以及肌理的丰富感，通过搭配、组合、连接等组织方式表现出来，产生视觉艺术魅力，给人以愉悦的视觉感受。不同的材料在使用中能带给人们不同的视觉感受，例如：严肃、温馨、幽静、喧闹、庄严之感。研究材料的艺术表现力涉及材料性能及其营造技术。人对建筑材料的感觉受到四种因素的制约：审美的时代性、认知的地域性、个体的差异性和观察距离。

建筑文化品含义很广泛，在本书的研究中它的含义包括：建筑材料的艺术表现力、文化艺术氛围、建筑材料的性格特征、地域性以及建筑材料的营造。其中建筑材料的艺术表现力是本书探讨的重点。在上述研究之前需要于对建筑材料的基本特性进行研究，即建筑材料的分类、感官属性及其功能属性，建筑材料形式美的规律为建筑材料组合提供了方法与指导方向。

2. 砖石

砖石在建筑材料历史上扮演的角色不可忽视，相比其他材料而言，砖石易取材、造价低、资源广，也因此砖石具有其他材料不具备的历史传承感与浓厚的文化韵味。砖石原本是一种古老而传统的材料，在现代建筑中出现时会让人联想到它的历史悠久感。

砖石由于其本身易组合的特点，有多种砌筑方法，每种都有着独特的艺术表现力，类别丰富的砖石材料提供了无穷的组合方式与丰富的肌理效果，可以充分体现材料本身质朴、天然的美感。由于砖石种类繁多，导致其形态、质感和颜色上丰富多彩。不同砌筑方式体现出丰富的艺术魅力及审美特征，可以为人们带来了不同的视觉体验。这是建筑师在建筑设计中追求的一个重点。

3. 木材

木材是一种天然的建筑材料，给人温暖亲近的感觉。质朴的性格是木材美妙的艺术特征。木材具有温暖的色彩、细腻的质感、丰富的纹理图案以及特有的气味，这些特征均是建筑设计中的语言符号和表现工具。当设计中需要将建筑与周边自然环境相紧密结合时，建筑师可以选取大面积的木材来设计立面。利用其自然、温馨、质朴的性格创造内外贯通的、协调一致的城市空间环境。因此，在使用木材时，就应力争将这种天然质地显现出来，而不是去隐藏它。木结构在实现承载受结构力的同时其外观可以达到一种审美效果。木构架建筑以其精美的结构逻辑性实现了将结构技术与装饰效果完美统一的艺术效果。

4. 钢材

钢材工艺技术是钢结构建筑的关键要素。在钢结构建筑造型中结构工程师充分利用钢材的物理性能，设计出完美的结构体系和钢节点构造做法，同时作为建筑造型的切入点，将钢材形态审美的特征挖掘出来加以利用。对于暴露的钢结构来说，力学逻辑的表现、构造节点与细部都赋予结构以强大的表现力。钢结构设计需要对钢材物理性能充分理解，包括钢材的生产、加工、制造技术以及钢材的力学性能，并在设计过程中恰当选择表现形式。从这个意义上说，建筑师须对现代钢结构建筑材料的生产方法与加工技术有所了解。

5. 玻璃

关于玻璃的建筑审美研究可以从点、线、面、体的构成要素角度进行分析，玻璃在建筑外立面呈现出不同的造型方式。它既可以作为窗户也可以作为建筑表皮材料，在建筑形体塑造中起到重要的视觉作用，还可以作为空间围合与空间分割手段划分空间。建筑的开窗、玻璃表皮以及空间围合都可以根据具体建筑的功能与其表达的立面效果不同而做出相应的改变。建筑师在将玻璃作为外表皮材料时应充分考虑到玻璃的这些不同于一般材料的特性，充分运用好这些特性有助于表达出玻璃的最佳艺术效果。

6. 混凝土

混凝土最大的特点就是它的可塑性，可以根据任何设计想法浇筑成理想的建筑形体，这是其他建筑材料不能达到的。混凝土作为建筑结构构件，可以表现建筑结构受力特征。混凝土具有良好的流动性、凝固、硬化定型特性，可以将模板的纹理原封不动的拓印下来，混凝土饰面可以创造出丰富多彩的纹理和质感。建筑师在设计时可以深入体会这些特性并巧妙加以利用。

7. 材料组合

每种建筑材料本身都具有各自的物理特性和感官属性，能给人带来特定的空间体验，创造特定的艺术氛围。当不同材料碰撞在一起组合时会产生更加丰富的视觉效果。有些材料组合能产生和谐统一、相辅相成的效果；有些组合能产生强烈的对比反差和冲突、相互衬托的效果。这些组合可以分为相似性格与相反性格的材料两大类。不同的材料组合在一起，会产生特定的艺术表现力，可用来表现不同的建筑性格。建筑师在设计中应根据形态表现需求和建筑空间功能的需求来选择建筑材料的组合以达到最佳组合效果。同时还应该深入理解各种常用建筑材料相结合时所形成的感官属性特征。

本书的研究内容有利于提高建筑师对不同材料品质特点的敏感度及判断力，有利于建筑师认知材料的基本艺术特征及其所体现的审美价值，使其在设计中能更好地协调材料与其他造型语言之间的关系，提高对建筑整体效果的控制力，提升对不同材料特性所具有的文化意味、精神属性的思考，为建筑师在建筑设计时能够恰当运用材料提供有益的参考。

参考文献

［1］沈小伍．建筑表皮情感化的研究［D］．安徽：合肥工业大学，2005

［2］杨顺超．建筑设计中材料的知觉表现及运用研究［D］河北：河北农业大学，2011

［3］史永高．材料呈现［M］．南京：东南大学出版社，2008

［4］高蕾．材料感知——建筑空间中的材料体验研究［D］．辽宁：大连理工大学．2009

［5］张洁．建筑材料的组合方式及其对建筑表现的影响［D］．北京：北京建筑大学，2013

［6］李宇．建筑的材料表现力［D］．上海：同济大学，2007

［7］彭一刚．建筑空间组合论［M］．中国建筑工业出版社，1998

［8］朱元友．建筑创作中材料的表现力研究［D］．成都：西南交通大学，2005

［9］谢锴．当代建筑砌体及其构造案例研究［D］．西安：西安建筑科技大学，2013

［10］李翔．石材在当代建筑表皮中的建构特点研究［D］．泉州：华侨大学，2015

［11］史清俊．砖材料在建筑表皮中的美学应用研究［D］．陕西：西安建筑科技大学．2012

［12］姚永明．木材与舒适生活空间［J］．室内设计与装修，2005

［13］董豫赣．景观编织——皮亚诺的努美阿文化中心断想［J］．装饰，1999

［14］陈荣．现代木构建筑形态构成与表现研究［D］．南京：南京大学，2014

［15］于宁．当代木构建筑的表现及应用研究［D］．大连：大连理工大学，2010

［16］李巧玲，王娜．村镇建设中的美学应用［J］．环球市场信息导报，2014

［17］华正滨．当代文化与技术背景下砖在建筑形式语言中的应用研究［D］．山东：青岛理工大学，2014

［18］邹青．新型木构建筑的构造表现［J］．华中建筑，2012

［19］过宏雷．现代建筑表皮认知途径与建构方法［M］．中国建筑工业出版社，2014

［20］王玮玮．建筑材料的视觉传达研究［D］．成都：西南交通大学，2004

［21］何芬．建筑界面和表皮的材料视觉传达研究［D］．长沙：湖南大学，2012

［22］郑小东．色彩与材料真实性［J］．世界建筑．2012（11）

［23］卫大可，刘德明，郭春燕．材料的意志与建筑的本质［J］．建筑学报，2006．05

［24］郑小东．材料与建造的故事［M］．清华大学出版社，2013

［25］郑小东．传统材料当代建构［M］．清华大学出版社，2014

［26］（美）罗贝尔．静谧与光明［M］．清华大学出版社，2010

［27］Skidmore，Owings & Merrill．美国人口普查局总部［J］．建筑创作，2015

［28］华正滨．当代文化与技术背景下砖在建筑形式语言中的应用研究［D］．山东：青岛理工大学，2014

［29］郝世杰．建筑表皮材料的视觉表现力研究［D］．河北：河北工程大学，2015

［30］魏逸青．清水混凝土在建筑设计中情感表达方式的研究［D］．杭州：浙江理工大学，2015

［31］陈昂．木材的建造诗学［D］．昆明：昆明理工大学，2008

［32］孙承磊．当代文化与技术背景下木材的表现［D］．南京：东南大学，2005

［33］胡伟飞．现代建筑与材料的品质性格［J］．丽水师范专科学校学报，2002，6

［34］史立刚，刘德明．形而下的真实—试论建筑创作中的材料建构［J］．新建筑，2005，04

［35］徐兰宇．基于感知层面的建筑表皮设计研究［D］．安徽：合肥工业大学，2012

［36］马进，杨靖编著．当代建筑构造的建构解析［D］．东南大学出版社．2005．1

后　记

本书的写作整整花了3年时间。从2015年9月开始构思框架、收集资料、撰写内容、直到最后修改定稿，一鼓作气，终于在2018年9月顺利完成。这是一个3年连续不间断的研究和写作过程。在此过程中遇到很多困难，我们不断探索，克服重重困难，一步一步走向成功。三年磨一剑，一份探索、一份坚持换得一份收获。

正如鲁迅所说"其实世上本没有路，走的人多了便成了路"。我们是摸着石头走过这条路。开始构思这本书，是根据我们最初一种模糊想法，提出一种概念和思路。其实当时并不清楚这本书最后是什么样子。于是先搭起一个框架，然后就开始了万里长征式的研究和写作。最初开始研究和落笔写的内容既不是前言也不是绪论。我们抓住了最感兴趣的一种建筑材料–砖石展开研究和写作。当这一部分写出初稿的时候，我们就拿出来在研究小组进行讨论，当时出乎预料受到比较好的反响。这一小小的成绩鼓励我们继续前行，研究我们感兴趣的另一种材料——木材，就这样我们不断地找到新的兴趣点进行研究挖掘，一步一个脚印，稳扎稳打，不断推进研究和写作。我们相继研究了砖石、木材、金属、玻璃和混凝土5种常用的建筑材料以及他们的两两组合。每写完一种材料我们都会收获喜悦和欣慰。我们一路摸索着走过来。曾经在研究方法和研究思路方面遇到过徘徊不前的情况，我们研究小组召开讨论会，与其他教授讨论，共同研究解决。

建筑材料的文化性研究是一个非常宽泛的研究领域，研究内容涉及范围非常之广。由于作者的目前的研究水平、知识储备、研究时间限定等因素，本书存在很多不足之处，有待进一步完善和提高。

（1）材料的审美是一个非常主观的概念，所以平衡主观性与客观性两方面的因素是十分艰难的，在心理学范畴是无法自洽的。

（2）由于研究时间限定，本文选取了5种常见的建筑材料作为单一材料的研究，以及5种材料两两组合形成的十种组合方式进行研究，材料类型的选取还不够全面。

（3）建筑文化品质的概念非常宽泛，然而本书将文化品质限定在于材料的感官属性、地域性、材料性格及其艺术表现力等几个方面，具有一定的局限性，还有待进一步完善。

刘天奕在本书研究和写作中付出了大量艰辛的工作，在研究过程中她总是能在迷茫之中辨别正确方向，不断克服困难，努力前行。魏健军老师在第一章的理论体系构建方面提出了一些建设性意见，在此表示感谢！在前期收集资料和后期整理段和莎、梁鑫、何旭、李明帅给予了大力协助，在此表示感谢！